# 内容简介 ››››››››››››››››››››››

  《生物统计及软件应用》是高职高专畜牧兽医相关专业的必备教材，根据高职高专学生的实际情况，本教材统计学基本原理部分的内容简明扼要，重点突出了软件实践操作的过程，从例题解析、程序调用、操作流程、结果判定和分析四个方面详细讲解了相关统计方法的实践应用。

  本教材共分为7个项目，其中项目七为测试习题。项目一介绍生物统计的基础知识，包含生物统计语言、资料的整理与资料的度量3个部分；项目二介绍两均数差异显著性检验（T检验），包含独立样本T检验、配对样本T检验和单样本T检验3个部分；项目三介绍方差分析，包含单因素方差分析、双因素方差分析两个部分；项目四介绍卡方检验，包含适合性检验和独立性检验两个部分；项目五介绍直线相关与回归；项目六介绍常见的试验设计方法。

  本教材以能力培养为本位，突出统计学知识在实践中的应用，重点分析相关统计方法的适用条件、统计结果的判定和解析，体现了理论知识与实践技能一体化的原则，突出了课堂教学与生产实践相融合的特色。

国家"双高计划"畜牧兽医专业群项目建设成果
江苏省畜牧兽医品牌专业工学结合特色教材

# 生物统计及软件应用

章敬旗　主编

中国农业出版社
北　京

# 编审人员名单

主　编　章敬旗

副主编　张　尧　张　蕾

编　者（以姓氏笔画为序）

　　　　杜婷婷　张　尧　张　蕾　张响英　张海波

　　　　陆艳凤　岳丽娟　章敬旗　甄　霆

审　稿　唐现文

# 前言

《生物统计及软件应用》是在多年教学实践和探索基础上，通过学习和领会"高等学校教学质量和教学改革工程"的精神，与行业企业合作开发基于工作任务和工作过程的教材。教材以养殖场技术员和动物疫病检测人员的岗位需求为导向，以实际工作任务构建教学内容，按工作过程设计学习情景，将教学内容任务化，并强调学习过程的连贯性，始终以实践技能训练为主线，配以必需的理论知识，强化对就业岗位群所需基础理论和基本技能综合应用能力的培养。采用理实一体化编排，全面提高学生的实际工作能力，培养学生与就业岗位对应的职业能力，强化学生综合素质和综合能力，实现高职教育的职业性、实践性、开放性。

本教材以培养学生运用数理统计的原理和方法来分析和解释生物界各种数量现象、正确进行试验设计、合理选择统计分析方法为教学目标，以能力为本位，从应用的角度出发，结合职业岗位能力、工作过程的要求，采取由简到难的原则，以典型工作任务为驱动，设立课程教学模块，逐步培养学生独立分析问题、解决问题的能力，实现对工作过程的认识以及完成任务的体验，突出对学生职业能力的训练，是现代畜牧业科学研究和生产中必不可少的工具。

本教材主要包括生物统计基础、T检验、方差分析、卡方检验、直线相关与回归、常见的试验设计方法、测试习题等7个项目，18个任务。另外，本教材配有形式多样的数字化教学资源，内容丰富，重难点突出，体现了以学生为主体，强化学生自主学习能力的培养。本教材由江苏农牧科技职业学院章敬旗主编，具体编写分工如下：项目一、项目七由章敬旗编写；项目二由张响英（江苏农牧科技职业学院）、杜婷婷（光明农牧科技有限公司）编写；项目三由张尧（江苏农牧科技职业学院）编写；项目四由陆艳凤（江苏农牧科技职业学院）、岳丽娟（江苏立华牧业股份有限公司）编写；项目五由张海波（江苏农牧科技职业学院）、甄霆（江苏农牧科技职业学院）编写；项目六由张蕾（江苏农牧科技职业学院）编写。江苏农牧科技职业学院唐现文教授审阅了全书，并提出了宝贵的意见。在教材的编写和数字资源制作的过程中，得到了教研室各位同仁的大力支持，高勤学和申峻松提出了宝贵建议，同时也得到了动物科技学院领导的支持和帮助，在此一并表示衷心的感谢。

由于编者的经验和水平有限，书中难免存在疏漏之处，敬请广大师生及同行批评指正。

编　者

2021 年 11 月

# 目 录
MULU

# 项目一

# 生 物 统 计 基 础

生物统计是数理统计的原理和方法在生物科学领域中的具体应用，它是运用统计学的原理和方法来分析和解释生物界各种数量现象，目的是以样本的特征来反映总体的特征，对所研究的总体进行合理的推断，从而得到对客观事物本质和规律性的认识。

生物统计的研究内容包括统计原理、统计方法和试验设计三个部分，其作用主要有：提供整理、描述资料的科学方法并确定其数量特征，判断试验结果的可靠性，提供由样本推断总体的方法，提供试验设计的原则。

## 任务一　生 物 统 计 语 言

生物统计语言

## 一、常用统计术语

### 1. 总体与样本

根据研究目的确定的、符合指定条件的研究对象的全体称为总体。总体中的个体数称为总体单位，用字母 $N$ 来表示。根据 $N$ 是否有确定的数值，总体分为有限总体和无限总体，含有有限个个体的总体称为有限总体，含有无限多个个体的总体称为无限总体。

按照一定的原则从总体中抽取的一部分个体称为样本。样本中所含个体的数量称为样本容量，用字母 $n$ 表示，习惯上将 $n \leqslant 30$ 的样本称为小样本，$n > 30$ 的样本称为大样本。

抽样的基本原则有随机原则、系统原则、典型原则。随机原则是指所有的个体具有相等的概率被抽到，系统原则是指按照人为规定的原则从总体中抽取样本，典型原则是按试验目的从总体中选择最具有代表性的个体。

### 2. 参数与统计量

由总体计算得到的描述总体数量特征和规律的数值称为参数，常用希腊字母表示。例如用 $\mu$ 表示总体平均数，用 $\sigma$ 表示总体标准差。由样本计算得到的特征数称为统计量，常用拉丁字母表示。例如用 $\bar{x}$ 表示样本平均数，用 $S$ 表示样本标准差。实际研究过程中，总体参数常常是未知数，一般由相应的统计量来估计。

### 3. 误差与错误

在试验过程中，由于受到非试验因素的影响，使所得的试验结果与客观真值之间产生的偏差称为试验误差。

试验中产生的误差根据其起因不同分为随机误差和系统误差两大类。随机误差又称抽样误差，是由人为不能控制的随机因素引起的误差，如试验动物的初始条件、饲养条件、管理措施等。随机误差带有偶然性，是不可避免的，但可以通过局部控制使其减小，并可以通过统计分析估计其大小。系统误差是由试验条件（如仪器、研究人员习惯、动物分组偏差等）的不同造成的误差，影响试验结果的准确性。一般来说，只要试验工作做得精细，系统误差容易克服。

错误是指在试验过程中人为因素所引起的差错，如试验人员粗心大意、称量不准确、数据记录和计算出现错误等，在试验中是完全可以避免的。

### 4. 变量与常数

变量是指具有变异性的性状或特征，其表现为不同个体间或不同组间存在变异性，例如身高、体重、产仔数等。变量的测得值称为观测值，也称为资料。

常数是不能给予不同数值的变量，它是代表事物特征和性质的数值，通常由变量计算而来，在一定过程中是不变的。

## 二、概率基础

### 1. 随机事件

根据某一研究目的在一定条件下对自然现象进行观察或科学实验统称为试验。如果一个试验满足下述 3 个特性，则称为随机试验。

（1）在相同条件下可以多次重复进行。

（2）每次试验的可能结果至少两个，并且事先知道所有可能的结果。

（3）每次试验总是出现这些可能结果中的一个，但在一次试验之前却不能肯定本次试验会出现哪一个结果。

随机试验的每一种可能结果称为随机事件，简称事件。随机事件在一定条件下可能发生，也可能不发生。

### 2. 概率

概率是反映某一随机事件在一次试验中发生的可能性大小，是刻画随机事件发生可能性大小的数量指标。

一般来说，随机事件的概率是不可能准确得到的，通常以试验次数充分大时随机事件 A 的频率作为该随机事件概率的近似值，取值范围为 $0 \leqslant P(A) \leqslant 1$，这样定义的概率称为统计概率。

### 3. 小概率原理

随机事件的概率表示随机事件在一次试验中出现的可能性大小，若随机事件的概率很小，例如小于 0.05、0.01、0.001，统计学上称为小概率事件。小概率事件在一次试验中出现的可能性很小，不出现的可能性很大，以至于在一次试验中可以看成是不可能发生的事件。

在统计学中，把在一次试验中看成是实际不可能发生的事件称为小概率事件，实际不可能性原理，又称小概率原理。小概率原理是显著性检验进行假设检验的基本依据。

需要注意的是，小概率事件不是不可能事件，随着试验次数的增多，小概率事件也可能发生，所以必须慎重选择合适的小概率标准才能应用小概率原理。

### 三、显著性检验

**1. 基本原理**

显著性检验是根据研究目的对试验样本所在的总体提出两种彼此对立的假设（无效假设和备择假设），在无效假设成立的前提下，构建合适的统计量，计算无效假设正确的概率，然后根据"小概率原理"做出应该接受哪种假设的推断。

**2. 显著性水平**

在显著性检验中，用来确定否定还是接受无效假设的小概率标准称为显著水平或显著标准，记作 $\alpha$。统计中 $\alpha$ 常取 0.05 或 0.01，$\alpha = 0.05$ 称为 5% 显著水平，$\alpha = 0.01$ 称为 1% 显著水平或极显著水平。到底选用哪种显著水平，应根据试验的要求或试验结论的重要性而定。

**3. 统计推断**

若 $P \geqslant \alpha$，接受无效假设，否定备择假设；若 $P < \alpha$，否定无效假设，接受备择假设。因 $\alpha$ 常取 0.05 或 0.01 两个显著水平，所以显著性检验结果有以下三种情况：

（1）$P > 0.05$，差异不显著（接受无效假设，否定备择假设）。

（2）$0.05 \geqslant P > 0.01$，差异显著，用"＊"表示（否定无效假设，接受备择假设）。

（3）$P \leqslant 0.01$ 差异极显著，用"＊＊"表示（否定无效假设，接受备择假设）。

### 四、数据的来源与分类

**（一）数据资料的来源**

**1. 通过实验观察所得的科学试验记录**

如根据特定目的进行的畜牧、兽医、水产等试验所记录的资料。获取此类资料时，必须根据试验的目的和要求，列出试验过程中必须观察和记录的项目，按照试验计划完整准确地进行观察和记录。

**2. 调查研究获得的资料**

围绕某一研究项目或课题进行全面普查或抽样调查获得的资料。在调查研究之前，必须根据调查的任务和要求，列出详细的调查提纲，采用科学的调查方法，有目的、有计划、实事求是地收集相关资料。

**3. 生产记录、病历等现场资料**

如畜牧生产中饲料消耗量，畜产品数量、质量记录，畜禽生理指标，兽医门诊病历记录等。收集这类资料时，要按照研究对象的性质进行归类整理，注意资料的完整性、真实性和准确性。

**（二）资料的分类**

**1. 数量性状资料**

数量性状的资料是指以量测方式或计数方式由数量性状获得的资料，分为计量资料和计数资料两种，其中计量资料是指以量测方式得到的资料，计数资料是指以计数方式得到的资料。

**2. 质量性状资料**

质量性状是指能够描述但不能直接测量的性状。要获得质量性状的数据，必须对其观测结果进行数量化处理，其方法有统计频数法和评分法两种。统计频数法是根据性状的类别统计其频数，评分法是根据性状的类别分别给予相应的评分。

计量资料属于连续性变量资料，计数资料和频数资料属于不连续性变量资料。不同类型的资料可根据研究的目的和统计方法的要求从一种类型的资料转化成另一种类型的资料。

### （三）数据的检查与核对

**1. 资料的完整性**

资料的完整性指的是数据无缺失或重复，通常通过数据编号来检验。若有遗漏或重复，应该补齐或删除。

**2. 资料的正确性**

资料的正确性是指数据的测量和记载无差错，通常通过数据排序查看异常值来检查。检查中要特别注意特大、特小和异常数据，对错误、相互矛盾的数据应进行更正，必要时进行复查或重新试验。

**3. 抽样的正确性**

抽样方法是否正确，样本含量是否合适，要做科学的分析，可以通过计算样本的标准误差来反映。

## 任务二　资料的整理

当资料为小样本时，可不分组直接进行统计分析；当资料为大样本时，宜将观测值分成若干组，制成频数分布表，直观地观察资料的特征。对于不同类型的资料，制作频数分布表的方法有所不同，研究频数分布可以从大量杂乱无章的数据中快速、简单、直观、明了地获得资料的主要特征：

（1）集中趋势：数据资料向某一数值靠拢的趋势。

（2）离散趋势：数据资料远离其中心的趋势。

（3）变化趋势：随变量变化的频数是如何变化的，资料的分布是对称的还是偏态的。

### 》》 子任务一　计数资料的整理 《《

计数资料的
整理

#### 一、背景知识

计数资料的整理与分组大多数采用单项式分组法，将数据从小到大排列后，以每一个观测值为一组进行分类，制作频数分布表。有些计数资料，观测值较多，变异范围大，若以每一观测值为一组，则组数太多，而每一组包含的观测值太少，看不出数据分布的规律性。对这样的资料，可以扩大为以几个相邻观测值为一组，适当地减少组数。

#### 二、例题解析

**【例1-1】** 对40只母鸡体重的数据资料（表1-1）进行整理分组，编制频数分布表，绘制直方图。

表1-1 母鸡体重的数据资料

单位：kg

| 2.4 | 2.1 | 2.2 | 2.1 | 2.0 | 2.2 | 2.2 | 2.2 | 2.2 | 2.2 |
|-----|-----|-----|-----|-----|-----|-----|-----|-----|-----|
| 2.2 | 2.0 | 2.5 | 2.1 | 2.3 | 2.2 | 2.3 | 1.9 | 1.9 | 2.1 |
| 2.5 | 2.1 | 2.2 | 2.4 | 2.6 | 2.0 | 2.4 | 2.3 | 2.3 | 2.1 |
| 2.3 | 1.9 | 2.1 | 2.3 | 2.1 | 2.0 | 2.3 | 2.2 | 2.0 | 2.2 |

【解析】将母鸡体重资料按升序排序后发现：最小值1.9 kg，最大值2.6 kg，不重复的观测值只有8个（1.9～2.6 kg），所以每一个观测值可以作为一个分组，采用单项式分组法制作频数分布表和频数分布图。

## 三、Excel 操作

### （一）统计分析工具库的加载

操作流程：
(1)"文件"→"选项"
(2)"加载项"→"转到"     Excel 选项对话框
  ☑分析工具库      加载"数据分析"加载项
(3)"确定"

操作步骤如下：
(1) 选择"文件"→"选项"→"加载项"，单击"转到"按钮（右侧），如图1-1所示。

图1-1 分析工具库的加载1

（2）在"加载宏"对话框中勾选"分析工具库"复选框，单击"确定"按钮，如图 1-2 所示。

（3）选择"数据"菜单，常用工具栏的最右侧出现"数据分析"加载项，如图 1-3 所示。

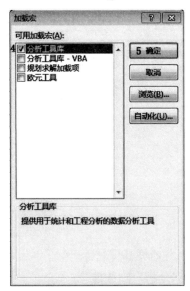

图 1-2　分析工具库的加载 2　　　　　图 1-3　分析工具库的加载 3

### （二）频数分布表的制作

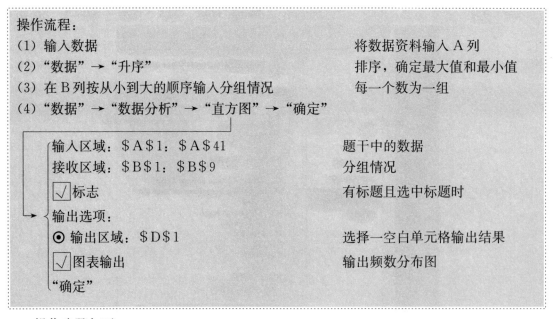

操作步骤如下：

（1）将母鸡体重的数据资料输入到工作表的 A 列，标题为"母鸡体重"。

（2）选中 A 列数据，单击"数据"→"升序"，找出数据的最小值和最大值。

（3）在 B 列按从小到大的顺序依次输入分组情况，标题为"分组"，如图 1-4 所示。

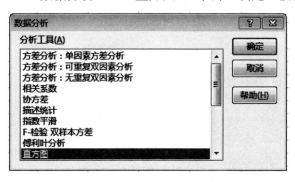

| | A | B |
|---|---|---|
| 1 | 母鸡体重 | 分组 |
| 2 | 1.9 | 1.9 |
| 3 | 1.9 | 2.0 |
| 4 | 1.9 | 2.1 |
| 5 | 2.0 | 2.2 |
| 6 | 2.0 | 2.3 |
| 7 | 2.0 | 2.4 |
| 8 | 2.0 | 2.5 |
| 9 | 2.0 | 2.6 |

图 1-4 母鸡体重资料分组情况

（4）选择"数据"→"数据分析"→"直方图"，单击"确定"按钮，如图 1-5 所示。

图 1-5 直方图程序的选择

（5）在"直方图"对话框中的"输入区域"选择 A 列的数据（母鸡体重），"接收区域"选择 B 列的分组情况，有标题且选中标题时勾选"标志"复选框，否则不选。

（6）选中输出选项中的"输出区域"单选项，然后随机选择一个空白单元格（D1）输出结果，所选择的单元格不能掩盖已有的数据。

（7）勾选"图表输出"复选框，单击"确定"按钮，如图 1-6 所示。

图 1-6 "直方图"对话框

（8）输出结果，如图1-7所示。

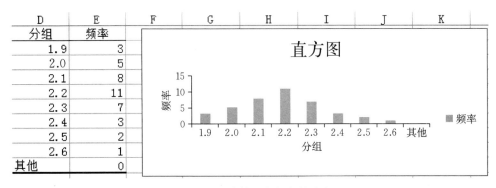

| 分组 | 频率 |
|---|---|
| 1.9 | 3 |
| 2.0 | 5 |
| 2.1 | 8 |
| 2.2 | 11 |
| 2.3 | 7 |
| 2.4 | 3 |
| 2.5 | 2 |
| 2.6 | 1 |
| 其他 | 0 |

图1-7 母鸡体重资料频数分布

## 四、SPSS 操作

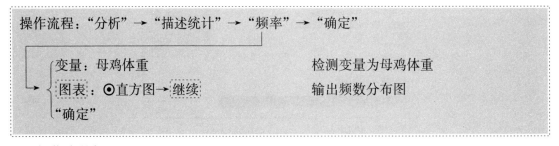

操作流程："分析"→"描述统计"→"频率"→"确定"

变量：母鸡体重      检测变量为母鸡体重

图表：⊙直方图→继续      输出频数分布图

"确定"

操作步骤如下：

（1）输入数据，在变量视图下修改变量名为"母鸡体重"，单击"分析"→"描述统计"→"频率"，如图1-8所示。

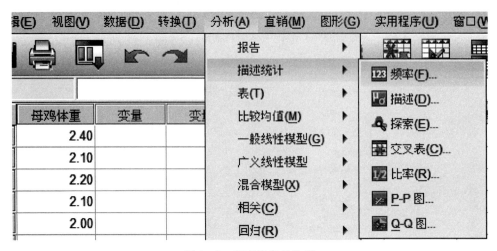

图1-8 频率程序的选择

（2）在"频率"对话框中将待检验的变量"母鸡体重"从左侧备选框选到右侧的"变量"框（可拖动，也可单击中间的箭头按钮），单击"图表"按钮，如图1-9所示。

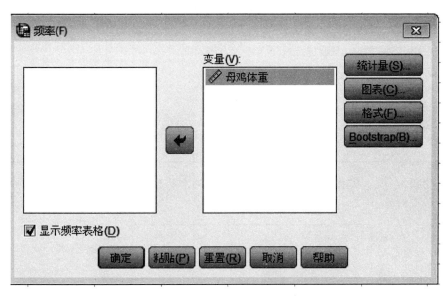

图1-9 "频率"对话框

（3）在"频率：图表"对话框中选中"直方图"单选项，单击"继续"按钮，单击"确定"，如图1-10所示。

图1-10 "频率：图表"对话框

（4）结果输出：频数分布见表1-2及图1-11。

表1-2 母鸡体重频数分布

| 有效 | 频率 | 百分比/% | 有效百分比/% | 累积百分比/% |
| --- | --- | --- | --- | --- |
| 1.90 | 3 | 7.5 | 7.5 | 7.5 |
| 2.00 | 5 | 12.5 | 12.5 | 20.0 |

（续）

| 有效 | 频率 | 百分比/% | 有效百分比/% | 累积百分比/% |
|---|---|---|---|---|
| 2.10 | 8 | 20.0 | 20.0 | 40.0 |
| 2.20 | 11 | 27.5 | 27.5 | 67.5 |
| 2.30 | 7 | 17.5 | 17.5 | 85.0 |
| 2.40 | 3 | 7.5 | 7.5 | 92.5 |
| 2.50 | 2 | 5.0 | 5.0 | 97.5 |
| 2.60 | 1 | 2.5 | 2.5 | 100.0 |
| 合计 | 40 | 100.0 | 100.0 | |

　　SPSS 的频数分布表除输出频数外，还会输出频率和累积频率。

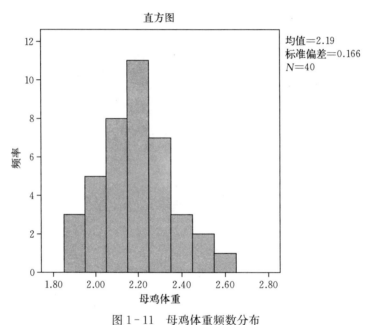

图 1-11　母鸡体重频数分布

# 五、上机习题

　　现有 50 枚受精种蛋孵化出雏鸡的天数资料（表 1-3），试作频数分布表和频数分布图。

**表 1-3　50 枚受精种蛋孵化出雏鸡的天数**

单位：d

| | | | | | | | | | |
|---|---|---|---|---|---|---|---|---|---|
| 21 | 20 | 20 | 21 | 23 | 22 | 22 | 22 | 21 | 22 |
| 24 | 22 | 19 | 22 | 21 | 21 | 21 | 22 | 22 | 24 |
| 21 | 22 | 22 | 23 | 22 | 23 | 22 | 22 | 22 | 23 |
| 20 | 22 | 23 | 23 | 21 | 22 | 22 | 21 | 21 | 23 |
| 22 | 22 | 22 | 22 | 19 | 23 | 22 | 22 | 23 | 22 |

## >>> 子任务二　计量资料的整理 <<<

计量资料的整理

### 一、背景知识

计量资料在分组前需要确定全距、组数、组距、组中值和组限，然后将全部观测值计数归组，整理成频数分布表。

（1）全距：资料中最大值与最小值之差，表示整个样本的变异范围，又称极差，用 $R$ 表示。

（2）组距：每组最大值与最小值之差称为组距，计算公式为：组距＝全距/组数。

（3）组限：各组的最大值和最小值，每组的最大值称为组上限；每组的最小值称为组下限。

（4）组中值：每组的中点值。

组中值与组限、组距之间的关系为：组中值＝（组上限＋组下限）/2＝组上限－1/2 组距；组上限＝组中值＋1/2 组距。由于相邻两组的组上限间的距离等于组距，所以当第一组的组上限确定后，加上组距就是第二组的组上限，其余的组上限以此类推。

（5）组数：组数的多少取决于样本容量的大小，通常是参考样本容量与组数关系表（表 1-4）而人为确定的。

表 1-4　样本容量与组数的关系

| 样本容量（$n$） | 组数 | 样本容量（$n$） | 组数 |
| --- | --- | --- | --- |
| 31～60 | 6～8 | 201～500 | 12～17 |
| 61～100 | 7～10 | ＞501 | 17～30 |
| 101～200 | 9～12 | | |

### 二、例题解析

【例 1-2】现有 100 头某品种猪的血红蛋白含量资料（表 1-5），试将其整理成频数分布表，并绘制直方图。

表 1-5　猪血红蛋白含量

单位：g/100 mL

| | | | | | | | | | |
| --- | --- | --- | --- | --- | --- | --- | --- | --- | --- |
| 13.4 | 10.1 | 13.5 | 12.8 | 12.3 | 13.1 | 12.6 | 13.8 | 11.1 | 13.5 |
| 12.8 | 11.9 | 13.9 | 13.2 | 14.4 | 10.1 | 13.2 | 13.3 | 11.1 | 14.2 |
| 13.8 | 14.7 | 11.6 | 12.7 | 13.6 | 10.7 | 14.9 | 14.1 | 14.8 | 12.0 |
| 12.8 | 14.1 | 10.8 | 12.4 | 14.7 | 14.4 | 12.0 | 16.3 | 14.5 | 11.4 |
| 13.1 | 15.6 | 13.9 | 12.7 | 12.1 | 15.2 | 11.5 | 12.5 | 15.7 | 13.0 |
| 12.6 | 11.7 | 15.3 | 12.2 | 12.7 | 14.7 | 13.0 | 13.4 | 11.2 | 14.6 |
| 12.1 | 12.0 | 14.0 | 12.8 | 13.5 | 10.5 | 14.2 | 12.8 | 12.4 | 13.9 |
| 12.5 | 13.5 | 10.5 | 13.7 | 9.5 | 11.6 | 12.3 | 14.0 | 11.3 | 13.4 |
| 12.3 | 11.5 | 12.1 | 15.0 | 11.8 | 12.9 | 12.5 | 10.9 | 11.8 | 15.1 |
| 12.2 | 12.9 | 12.7 | 11.1 | 11.0 | 14.1 | 12.4 | 12.4 | 13.0 | 11.6 |

【解析】将猪的血红蛋白资料按升序排序后发现不重复的观测值非常多，而且也没有相应的分组要求，需要自己确定分组情况，因此采用组距式分组法制作频数分布表（图）。

## 三、Excel 操作

### （一）组上限的确定

（1）输入数据（将所有数据输入到 A 列），标题为"蛋白含量"。

（2）排序（升序）→找出最大值和最小值→求全距（极差 $R$）。

（3）根据样本容量（$n$）查表 1-4，确定组数。

（4）根据公式（组距＝全距/组数）计算出组距，四舍五入取整数。

（5）设定数据的最小值为第一组的组中值，根据公式（组上限＝组中值＋1/2 组距）计算出第一组的组上限，输入到 B2 单元格，B 列标题为"分组"。

（6）在第一组组上限的基础上依次加上组距，输入其他组的组上限，最后一组的组上限需恰好包含数据的最大值（左开右闭区间），具体如图 1-12 所示。

|  | A | B | C | D | E |
|---|---|---|---|---|---|
| 1 | 蛋白含量 | 分组 |  | 最小值 | 9.5 |
| 2 | 9.5 | 10 |  | 最大值 | 16.3 |
| 3 | 10.1 | 11 |  | 全距（R） | 6.8 |
| 4 | 10.1 | 12 |  | 组数 | 10 |
| 5 | 10.5 | 13 |  | 组距 | 0.68 |
| 6 | 10.5 | 14 |  | 取整数 | 1 |
| 7 | 10.7 | 15 |  | 第一组组中值 | 9.5 |
| 8 | 10.7 | 16 |  | 第一组组上限 | 10 |
| 9 | 10.9 | 17 |  | 第二组组上限 | 11 |

图 1-12  组上限的确定

### （二）频数分布表的制作

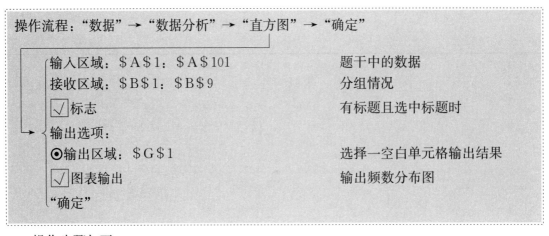

操作步骤如下：

（1）选择"数据"→"数据分析"→"直方图"，单击"确定"按钮，如图 1-13 所示。

图 1-13 直方图程序的选择

（2）在"直方图"对话框中的"输入区域"选择 A 列的数据（蛋白含量），"接收区域"选择 B 列的分组情况，有标题且选中标题时勾选"标志"复选框，否则不选。

（3）选中"输出选项"中的"输出区域"单选项，然后随机选择一个空白单元格（G1）输出结果，所选择的单元格不能掩盖已有的数据。

（4）勾选"图表输出"复选框，单击"确定"按钮，如图 1-14 所示。

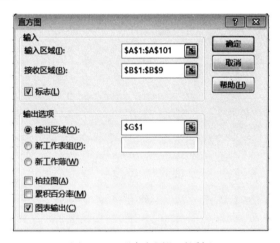

图 1-14 "直方图"对话框

（5）输出结果如图 1-15 所示。

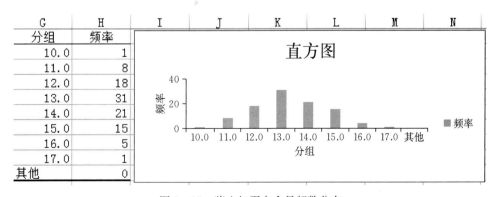

| G | H |
|---|---|
| 分组 | 频率 |
| 10.0 | 1 |
| 11.0 | 8 |
| 12.0 | 18 |
| 13.0 | 31 |
| 14.0 | 21 |
| 15.0 | 15 |
| 16.0 | 5 |
| 17.0 | 1 |
| 其他 | 0 |

图 1-15 猪血红蛋白含量频数分布

## 四、SPSS 操作

SPSS 操作的步骤和计数资料的一致，"频率"程序默认以每一个观测值作为一组来构建频数分布表，与单项式分组法制作频数分布表相同，此处不再重复。

## 五、上机习题

现有 200 头经产良种杂交仔猪 1 月龄窝重资料见表 1-6，试对该资料进行整理分组，编制频数分布表，绘制频数分布图。

**表 1-6　200 头经产良种杂交仔猪 1 月龄窝重**

单位：kg

| | | | | | | | | | |
|---|---|---|---|---|---|---|---|---|---|
| 47.2 | 83.0 | 20.0 | 70.8 | 43.8 | 88.7 | 56.0 | 68.7 | 62.5 | 67.3 |
| 60.7 | 65.8 | 64.0 | 79.3 | 87.5 | 36.0 | 84.0 | 71.8 | 40.2 | 102.2 |
| 57.1 | 65.0 | 85.8 | 20.5 | 89.0 | 39.4 | 96.7 | 63.7 | 74.0 | 72.5 |
| 64.0 | 31.4 | 104.7 | 72.1 | 41.0 | 57.2 | 84.8 | 100.0 | 102.4 | 68.6 |
| 40.5 | 36.7 | 72.0 | 39.8 | 81.5 | 67.1 | 66.5 | 54.3 | 80.7 | 23.3 |
| 49.6 | 68.3 | 12.0 | 70.1 | 55.0 | 67.8 | 60.5 | 88.5 | 18.4 | 86.1 |
| 78.2 | 81.0 | 81.0 | 71.7 | 49.9 | 14.7 | 63.3 | 75.3 | 62.8 | 25.5 |
| 90.6 | 70.6 | 82.1 | 117.0 | 79.6 | 75.5 | 36.0 | 41.5 | 28.0 | 72.5 |
| 58.2 | 86.7 | 55.5 | 79.5 | 40.5 | 65.5 | 59.8 | 76.1 | 72.9 | 49.7 |
| 51.8 | 74.5 | 31.5 | 80.5 | 27.9 | 25.0 | 34.4 | 59.5 | 91.8 | 58.8 |
| 75.9 | 72.3 | 38.3 | 63.8 | 62.3 | 73.0 | 41.5 | 47.3 | 76.5 | 56.7 |
| 34.0 | 60.8 | 26.3 | 85.0 | 53.0 | 76.9 | 67.5 | 113.0 | 74.5 | 11.6 |
| 61.2 | 67.5 | 53.0 | 23.5 | 50.4 | 94.4 | 29.3 | 95.1 | 55.5 | 54.1 |
| 64.4 | 90.3 | 78.0 | 34.0 | 40.2 | 97.8 | 69.8 | 79.5 | 50.5 | 79.5 |
| 85.0 | 88.4 | 69.5 | 58.0 | 94.3 | 69.8 | 56.8 | 68.2 | 57.8 | 23.2 |
| 84.0 | 79.4 | 70.0 | 93.5 | 65.0 | 108.5 | 55.2 | 85.0 | 104.2 | 96.5 |
| 66.0 | 78.0 | 71.8 | 70.5 | 85.1 | 108.6 | 51.6 | 53.0 | 67.8 | 41.7 |
| 58.5 | 67.3 | 94.5 | 90.5 | 68.6 | 41.5 | 77.4 | 81.0 | 62.6 | 34.5 |
| 83.0 | 90.8 | 103.5 | 89.5 | 56.0 | 101.4 | 67.7 | 71.7 | 58.2 | 56.4 |
| 64.6 | 76.8 | 52.5 | 42.4 | 73.8 | 15.7 | 26.6 | 89.4 | 86.8 | 118.5 |

## 任务三　资料的度量

资料的度量

## 一、背景知识

### （一）集中趋势的度量

集中趋势是指变量分布的中心位置，常用的统计量有：算术平均数（$\bar{x}$）、几何平均数

$(G)$、调和平均数（$H$）、中位数（$M_d$）和众数（$M_o$）等。

**1. 算术平均数**

算术平均数是指资料中各观测值的总和除以观测值个数所得的商，简称平均数或均数。计算公式为：

$$\bar{x}=\frac{x_1+x_2+\cdots+x_n}{n} \tag{1-1}$$

算术平均数的单位与观测值的单位相同，其基本性质是离均差之和等于零，即样本各观测值与平均数之差的和为零。

**2. 几何平均数**

$n$ 个观测值相乘之积开 $n$ 次方所得的方根称为几何平均数，计算公式为：

$$G=\sqrt[n]{x_1 \cdot x_2 \cdot x_3 \cdot \cdots \cdot x_n} \tag{1-2}$$

几何平均数主要用于以百分率、比例表示的资料，如增长率、利率、药物效价、抗体滴度等，它能削弱数据中个别过分偏大值的影响。

**【例 1-3】** 某奶牛场在 2015 年有 100 头奶牛，在 2016 年、2017 年和 2018 年的奶牛头数分别是上一年的 2 倍、3 倍和 4.5 倍，求其年平均增长率。

**解：**
$$G=\sqrt[3]{2\times3\times4.5}=\sqrt[3]{27}=3$$

**3. 调和平均数**

调和平均数是指资料中各观测值倒数的算术平均数的倒数，计算公式为：

$$H=\frac{1}{\frac{1}{n}\left(\frac{1}{x_1}+\frac{1}{x_2}+\cdots+\frac{1}{x_n}\right)} \tag{1-3}$$

调和平均数主要用于速度类或数据中有个别极端大值资料集中趋势的度量。

**【例 1-4】** 假如某种蔬菜在早、中、晚市的每斤*的单价分别为 0.5 元、0.4 元、0.2 元，若早、中、晚市各买 1 元钱的蔬菜，其平均价格是多少？

**解：**
$$H=\frac{1}{\frac{1}{3}\left(\frac{1}{0.5}+\frac{1}{0.4}+\frac{1}{0.2}\right)}=\frac{3}{9.5}\approx0.32 \text{（元）}$$

**4. 中位数**

将资料内所有观测值从小到大依次排列，位于中间位置的观测值，称为中位数。当观测值个数是偶数时，则以中间两个观测值的平均数作为中位数。

数据资料呈偏态分布时多用中位数表示数据的集中趋势，此时中位数对数据趋中性的度量比算术平均数要好。

**5. 众数**

数据资料中出现次数最多的观测值或频数最多的一组的组中值，称为众数。一个样本资料可能没有众数，也可以有多个众数。

在完全对称分布的情况下，算术平均数、中位数和众数三者相等。对于同一资料，算术平均数、几何平均数和调和平均数三者的关系一般为：算术平均数>几何平均数>调和平均数。

---

\* 斤为非法定计量单位，1 斤=0.5 kg。

### （二）离散趋势的度量

数据的离散趋势是反映资料中各观测值偏离中心值的程度，常用的指标有：平方和（SS）、方差（MS 或 $S^2$）、标准差（S）、全距（R）、变异系数（CV）和样本标准误（$S_{\bar{x}}$）等。

**1. 平方和、方差和标准差**

观测值与平均数的差即离均差（$x-\bar{x}$），它反映了观测值偏离均数的程度，但离均差有正、有负，离均差之和为零即 $\sum(x-\bar{x})=0$，此时不能用离均差之和来表示资料中所有观测值的总偏离程度。

将离均差平方后再求和克服了这一缺陷，离均差的平方和简称平方和 $\sum(x-\bar{x})^2$，记为 SS；平方和随着样本容量的大小而改变，平方和的平均数 $\sum(x-\bar{x})^2/n$ 可以消除样本容量的影响，但只适合大样本，小样本 $n$ 越小，偏差越大，故而引入自由度（$df$）的概念。

自由度 $df=n-k$，$k$ 指的是资料应用的条件，自由度没有单位（在没有其他条件要求时，自由度一般为 $n-1$）。平方和除以自由度 $\sum(x-\bar{x})^2/(n-1)$ 即均方，又称方差，记为 $S^2$ 或 MS，其单位是资料单位的平方。

为了统一单位，可以将方差开平方。统计学上把方差的平方根称为标准差，记为 $S$，计算公式为：

$$S=\sqrt{\frac{\sum(x-\bar{x})^2}{n-1}} \tag{1-4}$$

对于一个正态分布的大样本，约有 68.26% 的观测值在平均数左右 1 倍标准差（$\bar{x}\pm S$）范围内；约有 95.45% 的观测值在平均数左右 2 倍标准差（$\bar{x}\pm 2S$）范围内；约有 99.73% 的观测值在平均数左右 3 倍标准差（$\bar{x}\pm 3S$）范围内。标准差的大小受资料中每个观测值的影响，特别是最大值和最小值。

**2. 范围**

范围又称全距或极差，是样本中最大值与最小值之差，用 $R$ 表示。范围是表示资料变异程度大小最简便的度量指标，但只利用了最大值和最小值，不能准确表达资料中各观测值的变异程度。

**3. 变异系数**

当要比较两组不同数据变异程度的大小时，如果其平均数的数量级不同，或度量单位不同，则以上指标都不能有效地反映其变异程度间的差异，此时可以用变异系数来进行比较。变异系数是标准差与平均数的比值，能消除单位和（或）平均数不同对两个或多个资料变异程度比较的影响，记为 $C\cdot V$，其计算公式为：

$$C\cdot V=\frac{S}{\bar{x}}\times 100\% \tag{1-5}$$

**4. 标准误**

从一个总体中无限地随机抽取含量为 $n$ 的样本，计算出每次抽样的样本平均数，其概率分布称为样本平均数的抽样分布。由样本平均数构成的总体称为样本平均数的抽样总体，其标准差称为平均数的标准误差，简称标准误（$\sigma_{\bar{x}}$），计算公式为：

$$\sigma_{\bar{x}} = \frac{\sigma}{\sqrt{n}} \qquad\qquad (1-6)$$

由于原总体的标准差 $\sigma$ 一般未知，可以用样本标准差 $S$ 来代替，由此算出的标准误称为样本标准误，记为 $S_{\bar{x}}$，即 $S_{\bar{x}} = S/\sqrt{n}$。

对于大样本资料，通常将样本标准差 $S$ 与样本平均数 $\bar{x}$ 配合使用，记为 $\bar{x} \pm S$，用以说明所考察性状或指标的优良性与稳定性。对于小样本资料，通常将样本标准误 $S_{\bar{x}}$ 与样本平均数 $\bar{x}$ 配合使用，记为 $\bar{x} \pm S_{\bar{x}}$，用以表示所考察性状或指标的优良性与抽样误差的大小。

## 二、例题解析

【例 1-5】现有 200 头经产良种杂交猪，其所产仔猪 1 月龄窝重资料见表 1-7，试计算平均数、标准差和标准误。

表 1-7 仔猪 1 月龄窝重

单位：kg

| | | | | | | | | | |
|---|---|---|---|---|---|---|---|---|---|
| 47.2 | 83.0 | 20.0 | 70.8 | 43.8 | 88.7 | 56.0 | 68.7 | 62.5 | 67.3 |
| 60.7 | 65.8 | 64.0 | 79.3 | 87.5 | 36.0 | 84.0 | 71.8 | 40.2 | 102.2 |
| 57.1 | 65.0 | 85.8 | 20.5 | 89.0 | 39.4 | 96.7 | 63.7 | 74.0 | 72.5 |
| 64.0 | 31.4 | 104.7 | 72.1 | 41.0 | 57.2 | 84.8 | 100.0 | 102.4 | 68.6 |
| 40.5 | 36.7 | 72.0 | 39.8 | 81.5 | 67.1 | 66.5 | 54.3 | 80.7 | 23.3 |
| 49.6 | 68.3 | 12.0 | 70.1 | 55.0 | 67.8 | 60.5 | 88.5 | 18.4 | 86.1 |
| 78.2 | 81.0 | 81.0 | 71.7 | 49.9 | 14.7 | 63.3 | 75.3 | 62.8 | 25.5 |
| 90.6 | 70.6 | 82.1 | 117.0 | 79.6 | 75.5 | 36.0 | 41.5 | 28.0 | 72.5 |
| 58.2 | 86.7 | 55.5 | 79.5 | 40.5 | 65.5 | 59.8 | 76.1 | 72.9 | 49.7 |
| 51.8 | 74.5 | 31.5 | 80.5 | 27.9 | 25.0 | 34.4 | 59.5 | 91.8 | 58.8 |
| 75.9 | 72.3 | 38.3 | 63.8 | 62.3 | 73.0 | 41.5 | 47.3 | 76.5 | 56.7 |
| 34.0 | 60.8 | 26.3 | 85.0 | 53.0 | 76.9 | 67.5 | 113.0 | 74.5 | 11.6 |
| 61.2 | 67.5 | 53.0 | 23.5 | 50.4 | 94.4 | 29.3 | 95.1 | 55.5 | 54.1 |
| 64.4 | 90.3 | 78.0 | 34.0 | 40.2 | 97.8 | 69.8 | 79.5 | 50.5 | 79.5 |
| 85.0 | 88.4 | 69.5 | 58.0 | 94.3 | 69.8 | 56.8 | 68.2 | 57.8 | 23.2 |
| 84.0 | 79.4 | 70.0 | 93.5 | 65.0 | 108.5 | 55.2 | 85.0 | 104.2 | 96.5 |
| 66.0 | 78.0 | 71.8 | 70.5 | 85.1 | 108.6 | 51.6 | 53.0 | 67.8 | 41.7 |
| 58.5 | 67.3 | 94.5 | 90.5 | 68.6 | 41.5 | 77.4 | 81.0 | 62.6 | 34.5 |
| 83.0 | 90.8 | 103.5 | 89.5 | 56.0 | 101.4 | 67.7 | 71.7 | 58.2 | 56.4 |
| 64.6 | 76.8 | 52.5 | 42.4 | 73.8 | 15.7 | 26.6 | 89.4 | 86.8 | 118.5 |

【解析】统计量可以由描述统计（Excel）和均数（SPSS）两个程序输出相关指标，多个样本资料通常采用"平均数±标准差（$\bar{x} \pm SD$）"的形式反映数据的特征，以三线表的形式输出分析结果。

### 三、Excel 操作

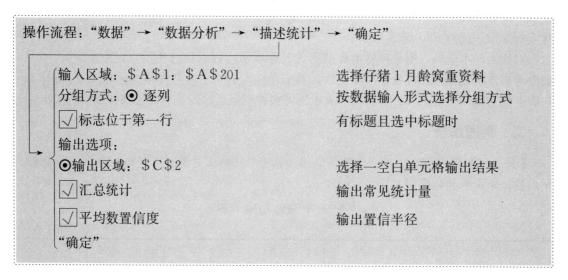

操作流程："数据" → "数据分析" → "描述统计" → "确定"

输入区域：$A$1：$A$201　　　选择仔猪 1 月龄窝重资料

分组方式：◉ 逐列　　　　　　按数据输入形式选择分组方式

☑ 标志位于第一行　　　　　有标题且选中标题时

输出选项：

◉输出区域：$C$2　　　　　选择一空白单元格输出结果

☑汇总统计　　　　　　　　输出常见统计量

☑平均数置信度　　　　　　输出置信半径

"确定"

（1）在 A 列输入数据，标题为"仔猪 1 月龄窝重"，选择"数据" → "数据分析" → "描述统计"，单击"确定"按钮，如图 1-16 所示。

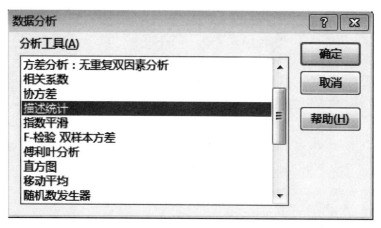

图 1-16 "描述统计"程序的选择

（2）"输入区域"选择"仔猪 1 月龄窝重"的数据，选择"分组方式"是"逐列"（数据纵向录入）还是"逐行"（数据横向录入），选中"标志位于第一行（列）"的复选框（有标题且选中标题时），输出选项选择"输出区域"单选项，选择一个空白的单元格（C2）作为输出区域，勾选"汇总统计"和"平均数置信度"复选框，单击"确定"按钮，如图 1-17 所示。

（3）结果输出如图 1-18 所示。Excel 输出了平均数、标准误差、中位数、众数、标准差、方差、峰度（曲线顶端尖峭或扁平程度）、偏度（曲线偏斜方向和程度）、区域（极差）、最小值、最大值、求和（总和）、观测数（样本容量）等统计量，最后一行置信度（95%）给出的是置信半径。

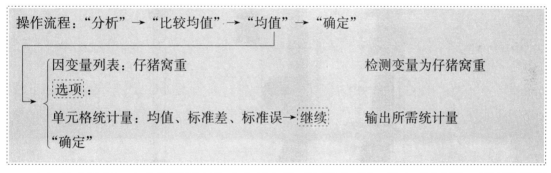

图 1-17 "描述统计"对话框

| 仔猪1月龄窝重 | |
|---|---|
| 平均 | 65.4565 |
| 标准误差 | 1.587735 |
| 中位数 | 67.6 |
| 众数 | 81 |
| 标准差 | 22.454 |
| 方差 | 504.1808 |
| 峰度 | -0.27202 |
| 偏度 | -0.24989 |
| 区域 | 106.9 |
| 最小值 | 11.6 |
| 最大值 | 118.5 |
| 求和 | 13091.3 |
| 观测数 | 200 |
| 置信度(95.0%) | 3.13095 |

图 1-18 描述统计输出结果

## 四、SPSS 操作

操作流程:"分析"→"比较均值"→"均值"→"确定"

　　因变量列表:仔猪窝重　　　　　　　　检测变量为仔猪窝重

　　选项:

　　单元格统计量:均值、标准差、标准误→ 继续 　　输出所需统计量

　　"确定"

（1）输入数据，在变量视图下修改变量名为"仔猪窝重"，单击"分析"（回到数据视图）→"比较均值"→"均值"，如图 1-19 所示。

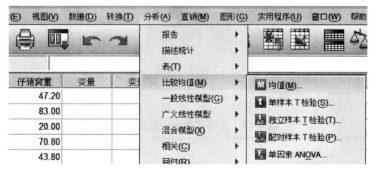

图 1-19 均值程序的选择

（2）将变量"仔猪窝重"从左侧备选框选到右侧"因变量列表"框，单击"选项"按钮，如图1-20所示。

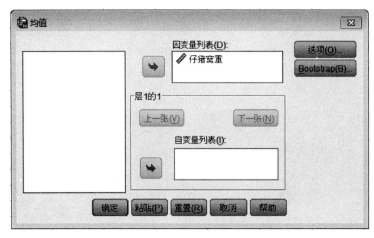

图1-20 "均值"对话框

（3）根据题干要求将相应的统计量（均值、标准差、标准误等）从左侧"统计量"框选入右侧"单元格统计量"框，单击"继续"，再单击"确定"按钮，如图1-21所示。

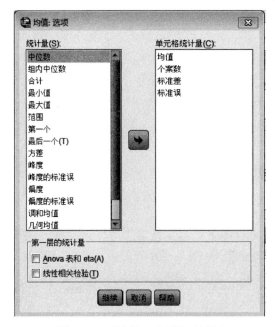

图1-21 "均值：选项"对话框

（4）结果输出如表1-8所示。

表1-8 仔猪窝重平均数输出结果

| 平均数 | N | 标准差 | 标准误 |
| --- | --- | --- | --- |
| 65.4565 | 200 | 22.45397 | 1.58774 |

## 五、上机习题

1. 某种羊场在 2012—2015 年 4 个年度饲养的种羊数分别为 140 只、200 只、280 只、350 只，增长率分别为 42.86%、40%、25%，求该场种羊数的年平均增长率（$G=35\%$）。

2. 已知 10 头母猪第一胎的产仔数分别为 9 头、8 头、7 头、10 头、12 头、10 头、11 头、14 头、8 头、9 头，试计算这 10 头母猪第一胎产仔数的平均数、极差、方差、标准差和变异系数（$\bar{x}=9.8$，$R=7$，$MS=4.40$，$S=2.10$，$CV=21.4\%$）。

# 项目二

# T 检 验

## 一、$t$ 分布

当总体标准差未知且样本容量不大（$n<30$）时，用样本标准差 $S$ 代替 $\sigma$，此时对样本平均数进行标准化后得到的统计量服从自由度 $df=n-1$ 的 $t$ 分布。即    T 检验

$$t=\frac{\overline{x}-\mu}{S_{\overline{x}}} \tag{2-1}$$

$t$ 分布受自由度的制约，自由度越小，离散趋势越大；当 $df>30$ 时，$t$ 分布与标准正态分布的区别很小。故而，$t$ 分布适用于小样本资料。

## 二、处理效应与误差效应

对于两个处理的样本来说有：

$$\overline{x}_1=\mu_1+\overline{\varepsilon}_1；\ \overline{x}_2=\mu_2+\overline{\varepsilon}_2$$

式中，$\overline{\varepsilon}_1$ 和 $\overline{\varepsilon}_2$ 分别表示两个样本的平均误差，则

$$(\overline{x}_1-\overline{x}_2)=(\mu_1-\mu_2)+(\overline{\varepsilon}_1-\overline{\varepsilon}_2)$$

表面效应　　处理效应　　误差效应

说明两个样本均数之差（表面效应）包含两个部分：一是两个总体均数的差（处理效应），即试验的真实差异；二是试验误差（误差效应），即抽样误差。

两个总体是否存在差异，需要通过显著性检验，将表面效应中由误差效应造成的概率推算出来，然后根据小概率原理进行统计推断。

## 三、双侧检验和单侧检验

对于上述两个样本来说，假设可能有 3 种不同的形式（图 2-1）：

（1）无效假设 $H_0$：$\mu_1=\mu_2$；备择假设 $H_A$：$\mu_1\neq\mu_2$（双侧检验）。

（2）无效假设 $H_0$：$\mu_1=\mu_2$；备择假设 $H_A$：$\mu_1<\mu_2$（左侧检验）。

（3）无效假设 $H_0$：$\mu_1=\mu_2$；备择假设 $H_A$：$\mu_1>\mu_2$（右侧检验）。

利用两侧概率进行的检验称为双侧（尾）检验，利用一侧概率进行的检验称为单侧（尾）检验。双侧检验的显著水平相当于单侧检验的两倍，临界 $t$ 值的关系是：单侧检验的 $t_\alpha$ 等于双侧检验的 $t_{2\alpha}$。因此，对于同一资料的检验，在相同显著水平下，单侧检验的检出率高于双侧检验。

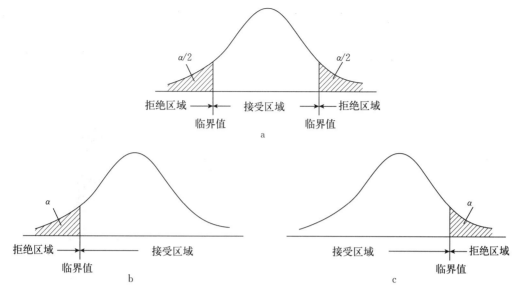

图 2-1 样本检验

a. 双侧检验 b. 左侧检验 c. 右侧检验

选用单侧检验还是双侧检验，应根据专业知识及试验的要求来确定。若事先不知道所比较的两个处理效果谁好谁坏，分析两个处理效果是否有差异，则选用双侧检验；如根据已知的理论或实践经验判断甲处理的效果不会比乙处理的效果差（或相反），分析甲处理是否比乙处理好（或差），则选用单侧检验。一般情况下，不做特殊说明时均指双侧检验。

## 任务一 独立样本 T 检验

### 一、背景知识

#### 1. 成组资料

独立样本
T检验

成组设计又称非配对设计，是指当进行有两个处理的试验时，将试验单位随机分成两组，然后对两个组随机实施一个处理。

由于两组的试验单位相互独立，所得的两个样本也相互独立，无论两个样本的容量是否相同，其所得数据都称为成组资料。

#### 2. 均数差的标准误和自由度

在实际研究中，总体方差往往是未知的，所以在构建检验统计量时，可以用样本方差代替总体方差。如果两个样本所在总体的方差相等，即 $\sigma_1^2 = \sigma_2^2$，说明这两个样本来自同一总体，因而可将两个样本合并，然后用合并样本的方差来代替总体方差。两个样本合并后计算得到的方差称为合并方差（$S^2$），其计算公式为：

$$S^2 = \frac{SS_1 + SS_2}{df_1 + df_2} \qquad (2-2)$$

均数差的标准误为：

$$S_{\bar{x}_1-\bar{x}_2}=\sqrt{S^2\left(\frac{1}{n_1}+\frac{1}{n_2}\right)} \tag{2-3}$$

自由度为：

$$df=n_1+n_2-2 \tag{2-4}$$

如果两个样本所在总体的方差不等，即 $\sigma_1^2\neq\sigma_2^2$，则均数差的标准误和自由度分别为：

$$S_{\bar{x}_1-\bar{x}_2}=\sqrt{\frac{S_1^2}{n_1}+\frac{S_2^2}{n_2}} \tag{2-5}$$

$$df=\frac{1}{\dfrac{R^2}{n_1-1}+\dfrac{(1-R)^2}{n_2-1}} \tag{2-6}$$

式中，

$$R=\frac{\dfrac{S_1^2}{n_1}}{\dfrac{S_1^2}{n_1}+\dfrac{S_2^2}{n_2}} \tag{2-7}$$

## 二、例题解析

【例 2-1】某种猪场分别测定长白猪和蓝塘猪两个品种的后备种猪 90 kg 时的背膘厚度，测定结果如表 2-1 所示。假设两个品种后备种猪的背膘厚度服从正态分布且方差相等，问两个品种后备种猪 90 kg 时的背膘厚度有无差异？

表 2-1　长白猪和蓝塘猪后备种猪的背膘厚度

| 品　种 | 背膘厚度/cm | | | | | | | | | | |
| --- | --- | --- | --- | --- | --- | --- | --- | --- | --- | --- | --- |
| 长白猪 | 1.20 | 1.32 | 1.10 | 1.28 | 1.35 | 1.08 | 1.18 | 1.25 | 1.30 | 1.12 | 1.19 | 1.05 |
| 蓝塘猪 | 2.00 | 1.85 | 1.60 | 1.78 | 1.96 | 1.88 | 1.82 | 1.70 | 1.68 | 1.92 | 1.80 | |

【解析】本题是两个样本均数的比较，属于 T 检验；由于两个品种后备种猪之间没有配对关系，两个样本彼此独立，故而属于独立样本 T 检验。分析两个品种后备种猪 90 kg 时的背膘厚度有无差异，选择双侧（尾）检验。

解题步骤如下：

（1）提出假设。

无效假设 $H_0$：$\mu_1=\mu_2$（假设两种后备种猪的背膘厚度总体均数相等，样本均数的差值是由随机误差引起）。

备择假设 $H_A$：$\mu_1\neq\mu_2$（假设两种后备种猪的背膘厚度总体均数不等，表面效应除含试验误差外，主要由处理效应引起）。

（2）确定显著水平。$\alpha=0.05$（当小概率标准为默认的 0.05 时可省略本步骤）。

（3）在无效假设成立的前提下，计算检验统计量。

经计算得到长白猪：$\bar{x}_1=1.202$，$n_1=12$；蓝塘猪：$\bar{x}_2=1.817$，$n_2=11$；则

$$S_{\bar{x}_1-\bar{x}_2}=\sqrt{\frac{\sum(x_1-\bar{x}_2)^2+\sum(x_2-\bar{x}_2)^2}{(n_1-1)+(n_2-1)}\times\left(\frac{1}{n_1}+\frac{1}{n_2}\right)}=0.0465$$

$$t=\frac{\overline{x}_1-\overline{x}_2}{S_{\overline{x}_1-\overline{x}_2}}=\frac{1.202-1.817}{0.0465}\approx-13.226$$

$$df=n_1+n_2-2=12+11-2=21$$

（4）估计相伴概率 $P$，根据小概率原理做出统计推断。

当 $df=21$ 时，两侧概率为 0.05 的临界 $t$ 值：$t_{0.05(21)}=2.080$，两侧概率为 0.01 的临界 $t$ 值：$t_{0.01(21)}=2.831$。

由于 $|t|=13.226>t_{0.01(21)}$，$P<0.01$，差异极显著，接受 $H_A$，否定 $H_0$，表明长白猪和蓝塘猪两种后备种猪 90 kg 时的背膘厚度差异极显著；由于 $\overline{x}_2>\overline{x}_1$，可以认为蓝塘后备种猪的平均背膘厚度极显著高于长白后备种猪。

### 三、Excel 操作

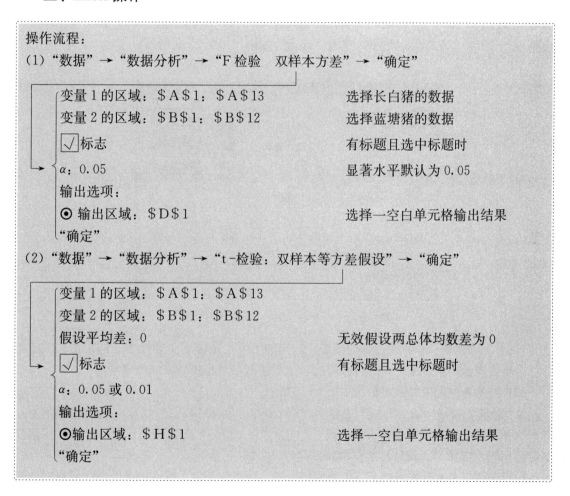

首先将数据输成 2 列，分别以"长白"和"蓝塘"作为标题，具体操作步骤如下：

（1）单击"数据"→"数据分析"→"F-检验 双样本方差"，单击"确定"按钮，如图 2-2 所示。

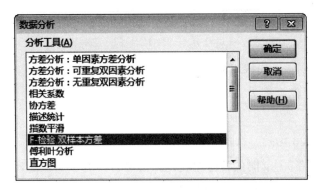

图 2-2 "F-检验 双样本方差"程序的选择

（2）在"变量 1 的区域"中选择第一列数据，在"变量 2 的区域"中选择第二列数据，勾选"标志"复选框（有标题且选中时），"α"选择 0.05 或 0.01 由题干决定，"输出区域"选择一个空白的单元格输出结果，单击"确定"按钮，如图 2-3 所示。

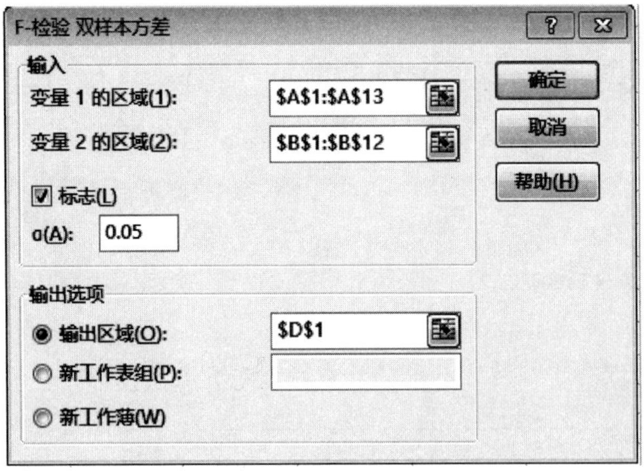

图 2-3 "F-检验 双样本方差"对话框

"变量 1 的区域"和"变量 2 的区域"选择的实际上是样本 1 和样本 2 的数据；试验指标（分析的变量）只有 1 个，即背膘厚度，按照猪的不同品种分成两个样本。

（3）方差齐性检验的结果输出如图 2-4 所示。

"F-检验 双样本方差分析"表格中"$P (T<=f)$ 单尾"$P>0.05$，说明两样本方差齐，选择"t-检验：双样本等方差假设"程序；"$P (T<=f)$ 单尾"$P\leqslant0.05$，说明两样本方差不齐，选择"t-检验：双样本异方差假设"程序。

由于本题方差齐性检验的 $P$ (0.253)$>0.05$，可以认为两个样本的方差相等，所以选择"t-检验：双样本等方差假设"程序来进行独立样本 T 检验。

（4）单击"数据"→"数据分析"→"t-检验：双样本等方差假设"，单击"确定"按钮，如图 2-5 所示。

| A | B | C | D | E | F |
|---|---|---|---|---|---|
| 长白 | 蓝塘 | | F-检验 双样本方差分析 | | |
| 1.20 | 2.00 | | | | |
| 1.32 | 1.85 | | | 长白 | 蓝塘 |
| 1.10 | 1.60 | | 平均 | 1.201667 | 1.817273 |
| 1.28 | 1.78 | | 方差 | 0.009961 | 0.015082 |
| 1.35 | 1.96 | | 观测值 | 12 | 11 |
| 1.08 | 1.88 | | df | 11 | 10 |
| 1.18 | 1.82 | | F | 0.660438 | |
| 1.25 | 1.70 | | P(F<=f) 单尾 | 0.252908 | |
| 1.30 | 1.68 | | F 单尾临界 | 0.350431 | |
| 1.12 | 1.92 | | | | |
| 1.19 | 1.80 | | | | |
| 1.05 | | | | | |

图 2-4  两样本方差齐性检验结果

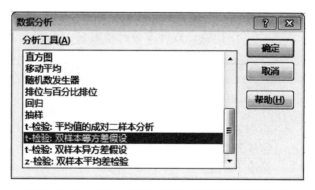

图 2-5  "t-检验：双样本等方差假设"程序的选择

（5）在"t-检验：双样本等方差假设"对话框中，在"变量 1 的区域"中选择第一列数据，"变量 2 的区域"中选择第二列数据，"假设平均差"后输入"0"，勾选"标志"复选框（有标题且选中时），"α"选择 0.05 或 0.01 由题干决定，"输出区域"选择一个空白的单元格输出结果，单击"确定"按钮，如图 2-6 所示。

由于显著性检验中无效假设为 $H_0$：$\mu_1 = \mu_2$，即 $\mu_1 - \mu_2 = 0$，故假设平均差为 0。

（6）独立样本 T 检验结果输出，如图 2-7 所示。

（7）结果判定。分析有无差异选择双尾检验 $[P(T<=f)$ 双尾$]$，分析优劣选择单尾检验 $[P(T<=f)$ 单尾$]$；若 $P \leqslant 0.05$（或 0.01，取决于 α 的设定值），差异显著（极显著），两者总体均数有差异；若 $P > 0.05$，差异不显著，两者总体均数相等。

**解答：** 本题分析的是两个品种后备种猪的背膘厚度有无差异，选择双尾检验，其 $P(1.16 \times 10^{-11}) < 0.01$，说明两个品种后备种猪 90 kg 时的背膘厚度差异极显著。

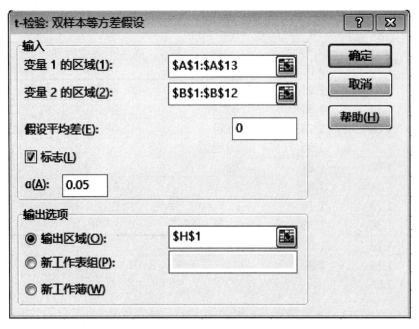

图 2-6 "t-检验：双样本等方差假设"对话框

### t-检验：双样本等方差假设

|  | 长白 | 蓝塘 |
|---|---|---|
| 平均 | 1.201667 | 1.817273 |
| 方差 | 0.009961 | 0.015082 |
| 观测值 | 12 | 11 |
| 合并方差 | 0.012399 | |
| 假设平均差 | 0 | |
| df | 21 | |
| t Stat | -13.2443 | |
| P(T<=t) 单尾 | 5.78E-12 | |
| t 单尾临界 | 1.720743 | |
| P(T<=t) 双尾 | 1.16E-11 | |
| t 双尾临界 | 2.079614 | |

图 2-7 独立样本 T 检验结果输出

## 四、SPSS 操作

输入数据（在数据视图下将所有数据输入到第 1 列），在变量视图下修改变量名为"背膘厚"，增加一个新变量："品种"（分组变量），在新增变量这一行的"值标签"对话框中定义品种种类（如"1"代表"大白猪"，"2"代表"蓝塘猪"），回到数据视图输入"品种"变量的数据，如图 2-8 所示。

| 名称 | 类型 | 宽度 | 小数 | 标签 | 值 |
|------|------|------|------|------|-----|
| 背膘厚 | 数值(N) | 8 | 2 | | 无 |
| 品种 | 数值(N) | 8 | 2 | | 无 |

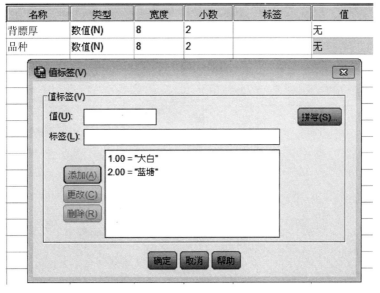

图 2-8　背膘厚度数据的录入

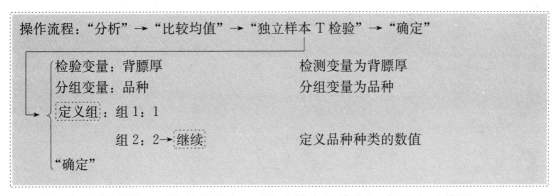

（1）选择"分析"→"比较均值"→"独立样本 T 检验"，如图 2-9 所示。

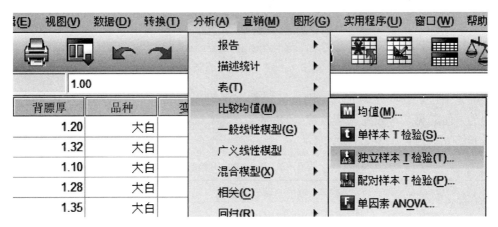

图 2-9　独立样本 T 检验程序的选择

（2）将待检测的变量"背膘厚"从左侧备选框选到右侧的"检验变量"框（黄色条说明已选中），将分组变量"品种"选到右侧的"分组变量"框，如图 2-10 所示。

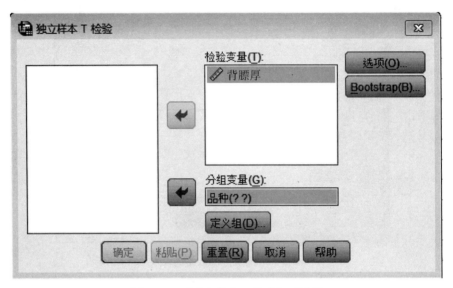

图 2-10 "独立样本 T 检验"对话框

（3）单击"定义组"按钮，在"定义组"对话框中分别输入组 1 和组 2 的值（如 1，2），单击"继续"按钮，再单击"确定"按钮，如图 2-11 所示。

图 2-11 "定义组"对话框

值标签中代表各项分类的值原则上任何数字都可以，只要定义时和输入时保持一致即可，但为方便起见，一般建议从"1"开始定义。

（4）结果输出，如表 2-2 所示。

表 2-2 独立样本 T 检验

| | | 方差方程的 Levene 检验 | | 均值方程 t-检验 | | |
|---|---|---|---|---|---|---|
| | | F | Sig. | t | df | Sig.（双侧） |
| 背膘厚 | 假设方差相等 | 0.289 | 0.597 | −13.244 | 21 | 0.000 |
| | 假设方差不相等 | | | −13.121 | 19.332 | 0.000 |

（5）结果判定。若"方差方程的 Levene 检验"（方差齐性检验）部分的 Sig. 值（$P$ 值）＞0.05，则两样本所在总体的方差齐，看"假设方差相等"这一行；若方差齐性检验的 $P \leqslant$ 0.05，则两样本所在总体的方差不齐，看"假设方差不相等"这一行。

"均值方程的 t-检验"（独立样本 T 检验）的 Sig. 值（双侧 $P$ 值）≤0.05（或 0.01），差异显著或极显著，两者总体均数有差异；若 Sig. 值（$P$ 值）＞0.05，差异不显著，两者总体均数无差异。

【解答】本题方差齐性检验 $P$（0.597）＞0.05，故而两样本所在总体的方差齐，看"假设方差相等"这一行；T 检验的 $P$（0.000）＜0.01，表明两个品种后备种猪 90 kg 时的背膘厚度差异极显著。需要说明的是，SPSS 输出的 Sig. 值只保留小数点后三位，双击可以显示其具体数值。

## 五、上机习题

1. 用高蛋白和低蛋白两种饲料饲养大鼠，试验期内两组大鼠的增重（g）如表 2-3 所示，试检验两种蛋白质饲料的饲养效果是否有显著差异（$t=1.916$，$P=0.072$）。

表 2-3 两种蛋白质饲料饲养大鼠体重增重对比

| 饲 料 | 体重增重/g | | | | | | | | | | | |
|---|---|---|---|---|---|---|---|---|---|---|---|---|
| 高蛋白组 | 134 | 146 | 106 | 119 | 124 | 161 | 107 | 83 | 113 | 129 | 97 | 123 |
| 低蛋白组 | 70 | 118 | 101 | 85 | 107 | 132 | 94 | | | | | |

2. 选择同品种同体重的 20 头猪随机分成两组，分别喂养甲饲料和乙饲料，育肥期末各头猪的增重（kg）如表 2-4 所示，试检验甲乙两种饲料饲养效果是否有显著差异（$t=4.228$，$P=0.001$）。

表 2-4 两种饲料饲养猪体重增重对比

| 饲 料 | 体重增重/kg | | | | | | | | | |
|---|---|---|---|---|---|---|---|---|---|---|
| 甲饲料 | 50 | 47 | 42 | 43 | 39 | 51 | 43 | 38 | 44 | 37 |
| 乙饲料 | 36 | 38 | 37 | 38 | 36 | 39 | 37 | 35 | 33 | 37 |

## 任务二 配对样本 T 检验

配对样本
T 检验

## 一、背景知识

### 1. 配对设计

配对设计是先根据配对的要求将试验单位两两配对，然后将配成对子的两个试验单位随机地分配到两组中接受不同的处理，所得的观测值称为配对资料。常见的配对方式有两种：自身配对与同质配对。

自身配对是指同一试验单位在两个不同的时间分别接受两个处理，或同一试验单位的两个不同部分分别接受两个处理，或对同一试验单位的试验指标用两种方法进行测定等。

同质配对又称同源配对，是指将来源、性质相同的两个试验单位配成一对。

**2. 差数标准误和自由度**

配对资料两样本均数差异显著性检验是将两个样本转化为一个差值（$d$）样本，即将样本差数的均值（$\bar{d}$）与已知均数为0的总体进行差异显著性检验，其标准误用 $S_a$ 表示，计算公式为：

$$S_a = \frac{S_d}{\sqrt{n}} = \sqrt{\frac{\sum (d - \bar{d})^2}{n(n-1)}} \tag{2-8}$$

自由度为：

$$df = n - 1 \tag{2-9}$$

式中，$S_d$ 为差值 $d$ 的标准差；$n$ 为配对的对子数，即试验的重复数。

## 二、例题解析

【例 2-2】将试验动物按性别、体重等配成 8 对，并将每对中的两头试验动物随机分配在正常饲料组和维生素 E 缺乏组，然后将试验动物处死，测定其肝中维生素 A 的含量（IU/g），数据见表 2-5，比较两组试验动物肝中维生素 A 的含量有无显著性差异。

**表 2-5　试验动物肝中维生素 A 的含量**

单位：IU/g

| 配　对 | 1 | 2 | 3 | 4 | 5 | 6 | 7 | 8 |
|---|---|---|---|---|---|---|---|---|
| 正常饲料组 | 3550 | 2000 | 3000 | 3950 | 3800 | 3750 | 3450 | 3050 |
| 维生素 E 缺乏组 | 2450 | 2400 | 1800 | 3200 | 3250 | 2700 | 2500 | 1750 |

【解析】两个样本均数的比较属 T 检验，题干中有试验动物配对方式（同质配对）的说明，所以本题应选用配对样本 T 检验；检验两组试验动物肝中维生素 A 的含量有无显著性差异，需进行双侧（尾）检验。

解题步骤如下：

（1）对试验样本所在的总体提出假设。

无效假设 $H_0$：$\mu_1 = \mu_2$，即 $\mu_d = 0$。

备择假设 $H_A$：$\mu_1 \neq \mu_2$，即 $\mu_d \neq 0$。

（2）列差值表（表 2-6），计算 $t$ 值。

**表 2-6　配对资料差值**

| 配　对 | 正常饲料组 | 维生素 E 缺乏组 | 差值/$d$ |
|---|---|---|---|
| 1 | 3550 | 2450 | 1100 |
| 2 | 2000 | 2400 | −400 |
| 3 | 3000 | 1800 | 1200 |
| 4 | 3950 | 3200 | 750 |
| 5 | 3800 | 3250 | 550 |
| 6 | 3750 | 2700 | 1050 |
| 7 | 3450 | 2500 | 950 |
| 8 | 3050 | 1750 | 1300 |
| 合计 | — | — | 6500 |

经计算得到 $\bar{d}=812.5$，$S_d=546.2535$，$S_{\bar{d}}=193.1298$，则

$$t=\frac{\bar{d}}{S_{\bar{d}}}=\frac{812.5}{193.1298}=4.207$$

$$df=n-1=8-1=7$$

（3）统计推断。查 $t$ 值表得 $t_{0.01(7)}=3.499$，由于 $|t|=4.207>t_{0.01(7)}$，故 $P<0.01$，差异极显著，否定 $H_0$，接受 $H_A$，说明两组试验动物肝中维生素 A 的含量有极显著性差异，即两组饲料对动物肝中维生素 A 含量的作用差异极显著。

### 三、Excel 操作

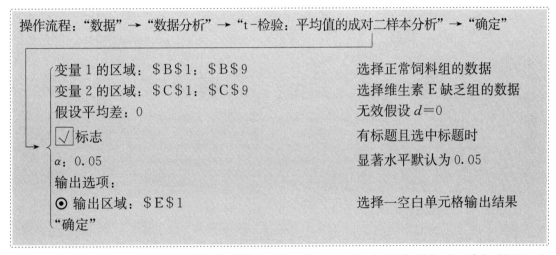

操作流程："数据" → "数据分析" → "t-检验：平均值的成对二样本分析" → "确定"

变量 1 的区域：$\$B\$1$：$\$B\$9$　　　　　选择正常饲料组的数据

变量 2 的区域：$\$C\$1$：$\$C\$9$　　　　　选择维生素 E 缺乏组的数据

假设平均差：0　　　　　　　　　　　　无效假设 $d=0$

☑ 标志　　　　　　　　　　　　　　　有标题且选中标题时

$\alpha$：0.05　　　　　　　　　　　　　显著水平默认为 0.05

输出选项：

◉ 输出区域：$\$E\$1$　　　　　　　　　选择一空白单元格输出结果

"确定"

（1）输入数据（两个样本数据分别输入到 B 列和 C 列，标题分别为"正常饲料组"和"维生素 E 缺乏组"），选择"数据" → "数据分析" → "t-检验：平均值的成对二样本分析"，单击"确定"按钮，如图 2-12 所示。

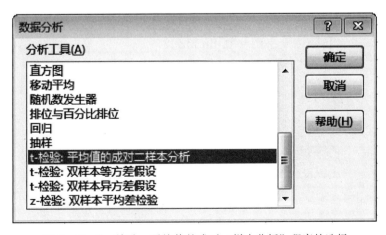

图 2-12　"t-检验：平均值的成对二样本分析"程序的选择

（2）在"变量 1 的区域"中选中"正常饲料组"的数据，在"变量 2 的区域"选择中"维生素 E 缺乏组"的数据，"假设平均差"输入"0"，勾选"标志"复选框（有标题且选

中时），"α"选择0.05或0.01由题干决定，"输出区域"选择一个空白的单元格输出结果，单击"确定"按钮，如图2-13所示。

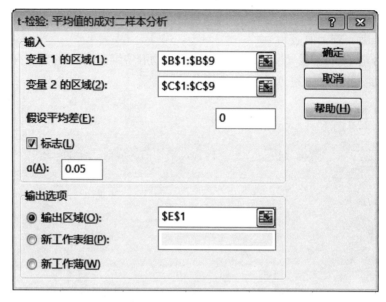

图2-13 "t-检验：平均值的成对二样本分析"对话框

（3）检验结果输出，如图2-14所示。

| t-检验：成对双样本均值分析 | | |
| --- | --- | --- |
| | 正常饲料组 | 维生素E缺乏组 |
| 平均 | 3318.75 | 2506.25 |
| 方差 | 399955.36 | 308169.64 |
| 观测值 | 8 | 8 |
| 泊松相关系数 | 0.5835383 | |
| 假设平均差 | 0 | |
| df | 7 | |
| t Stat | 4.2070159 | |
| P(T<=t) 单尾 | 0.0020003 | |
| t 单尾临界 | 1.8945786 | |
| P(T<=t) 双尾 | 0.0040005 | |
| t 双尾临界 | 2.3646243 | |

图2-14 配对样本T检验结果输出

（4）结果判定。分析有无差异选择双尾检验，分析优劣选择单尾检验；若$P \leqslant 0.05$（或0.01，取决于$\alpha$的设定值），差异显著（或极显著），两者总体均数有差异；若$P > 0.05$，差异不显著，两者总体均数无显著性差异。

【解答】本题分析两组试验动物肝中维生素A的含量有无差异，故选用双尾检验；其$P$

(0.004)＜0.01，差异极显著，说明两组试验动物肝中维生素 A 的含量差异极显著。

## 四、SPSS 操作

操作流程："分析"→"比较均值"→"配对样本 T 检验"→"确定"

　　成对变量：正常饲料组，维生素 E 缺乏组　　　　　　　　　同时选中两个变量

（1）输入数据（两个样本输成 2 列），在变量视图下修改变量名为"正常饲料组"和"维生素 E 缺乏组"，选择"分析"→"比较均值"→"配对样本 T 检验"，如图 2-15 所示。

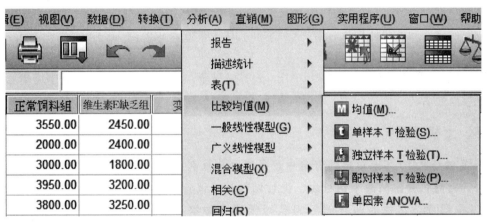

图 2-15 "配对样本 T 检验"程序的选择

（2）将左侧备选框中的两个变量依次选中，单击中间的箭头按钮，将其选到右侧的"成对变量"框，单击"确定"按钮，如图 2-16 所示。

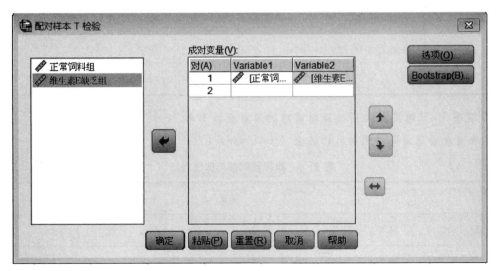

图 2-16 "配对样本 T 检验"对话框

若按住 Shift 键在左侧备选框中分别单击两个变量，可将其同时选中，然后单击中间的箭头按钮，可将两个变量同时选到右侧的"成对变量"框中。

（3）结果输出，如图 2-17 所示。

**成对样本检验**

| | | 成对差分 | | | | | |
|---|---|---|---|---|---|---|---|
| | | 均值 | 标准差 | 均值的标准误 | $t$ | $df$ | Sig.(双侧) |
| 对1 | 正常饲料组－维生素E缺乏组 | 812.50000 | 546.25347 | 193.12977 | 4.207 | 7 | 0.004 |

图 2-17　配对样本 T 检验结果输出

（4）结果判定。"成对样本检验"表格中 Sig. 值（双尾 $P$ 值）$\leqslant$0.05（或 0.01），差异显著或极显著，两者总体均数有差异；若 Sig. 值（双尾 $P$ 值）>0.05，差异不显著，两者总体均数无显著性差异。

【解答】本题双侧 $P$（0.004）<0.01，差异极显著，说明两组试验动物肝中维生素 A 的含量差异极显著。

## 五、上机习题

1. 某猪场从 10 窝长白猪的仔猪中，每窝抽出性别相同、体重接近的仔猪两头，将每窝两头仔猪随机分配到两个饲料组，进行饲料对比试验，试验时间 30 d，增重（kg）结果如表 2-7 所示。试检验两种饲料饲喂的仔猪平均增重差异是否显著（$t$=3.455，$P$=0.007）。

表 2-7　仔猪增重结果

单位：kg

| 窝号 | 1 | 2 | 3 | 4 | 5 | 6 | 7 | 8 | 9 | 10 |
|---|---|---|---|---|---|---|---|---|---|---|
| 饲料 I | 10.0 | 11.2 | 12.1 | 10.5 | 11.1 | 9.8 | 10.8 | 12.5 | 12.0 | 9.9 |
| 饲料 II | 9.5 | 10.5 | 11.8 | 9.5 | 12.0 | 8.8 | 9.7 | 11.2 | 11.0 | 9.0 |

2. 现有 10 只雄鼠在 X 射线照射前后的体重数据如表 2-8 所示，判断雄鼠在 X 射线照射前的体重是否显著高于照射后的体重（$t$=4.636，$P$=0.001）。

表 2-8　雄鼠照射前后体重对比

| | 体重/kg | | | | | | | | | |
|---|---|---|---|---|---|---|---|---|---|---|
| 照射前 | 25.7 | 24.4 | 21.1 | 25.2 | 26.4 | 23.8 | 21.5 | 22.9 | 23.1 | 25.1 |
| 照射后 | 22.5 | 23.2 | 20.6 | 23.4 | 25.4 | 20.4 | 20.6 | 21.9 | 22.6 | 23.5 |

# 任务三　单样本 T 检验

## 一、背景知识

单样本 T 检验是检验这个样本所在总体的均数与已知的总体均数是否相同，即检验该样本是否来自某一总体。

**1. 点估计与区间估计**

点估计是指将样本统计量直接作为总体相应参数的估计值，例如用 $\bar{x}$ 估计 $\mu$。点估计只给出了参数估计值的大小，并没有考虑试验误差的影响，也没有指出估计的可靠程度。

区间估计是在一定概率保证下指出总体参数的可能范围。所给出的可能范围称置信区间，置信区间的上、下限称为置信限，置信上、下限之差称为置信距。给出的概率保证称为置信概率或置信度，以 $P=(1-\alpha)$ 来表示。

**2. 总体均数的区间估计**

对于 $t$ 分布来说，给定置信度 $1-\alpha$ 和自由度 $n-1$，查临界 $t$ 值表可得两尾概率为 $\alpha$ 时的临界值 $t_\alpha$，使得

$$P\left(-t_\alpha \leqslant \frac{\bar{x}-\mu}{S_x} \leqslant t_\alpha\right)=1-\alpha$$

则总体平均数 $\mu$ 的 $1-\alpha$ 的置信区间为：

$$(\bar{x}-t_\alpha S_{\bar{x}}) \leqslant \mu \leqslant (\bar{x}+t_\alpha S_{\bar{x}}) \tag{2-10}$$

式中，$t_\alpha S_{\bar{x}}$ 称为置信半径；$\bar{x}-t_\alpha S_{\bar{x}}$ 和 $\bar{x}+t_\alpha S_{\bar{x}}$ 分别称为置信下限和置信上限。

## 二、例题解析

**【例 2-3】** 母猪的妊娠期为 114 d，现抽测 12 头大白猪母猪的妊娠期分别为 115 d、113 d、114 d、112 d、116 d、115 d、114 d、118 d、113 d、115 d、114 d、113 d，试检验大白猪的妊娠期与总体均数 114 d 有无显著性差异。

**【解析】** 本题是一个样本均数和一个常数（总体均值）进行比较，属于单样本 T 检验；分析两者有无差异，应选择双尾检验。

解题步骤如下：

(1) 提出无效假设与备择假设。

无效假设 $H_0$：$\mu=\mu_0=114$。

备择假设 $H_A$：$\mu \neq \mu_0$。

其中，$\mu$ 为样本所在总体的平均数，$\mu_0$ 为已知总体平均数。

(2) 计算 $t$ 值。经计算得 $\bar{x}=114.3333$，$S=1.6143$，$n=12$，$S_{\bar{d}}=0.4660$，则

$$t=\frac{\bar{x}-\mu}{S_{\bar{d}}}=\frac{114.3333-114}{0.4660}=0.7152$$

$$df=n-1=12-1=11$$

(3) 统计推断。查 $t$ 值表得 $t_{0.05(11)}=2.201$，由于 $|t|=0.7152<t_{0.05(35)}$，则 $P>0.05$，

差异不显著，故不能否定 $H_0$，应该接受无效假设，可以认为大白猪的妊娠期与总体均数 114 d 无显著性差异。

## 三、Excel 操作

由于 Excel 没有相应的单样本 T 检验程序，所以要先计算置信区间，然后通过区间估计来进行统计推断。

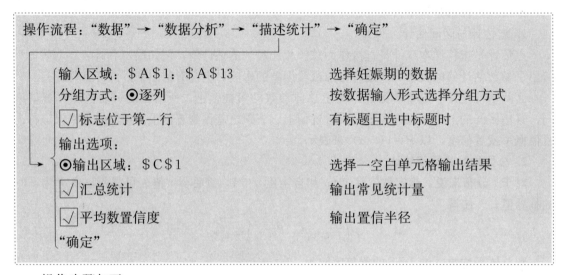

操作步骤如下：

（1）输入数据（将所有数据输入到 A 列，标题为"妊娠期"），选择"数据"→"数据分析"→"描述统计"，单击"确定"按钮，如图 2-18 所示。

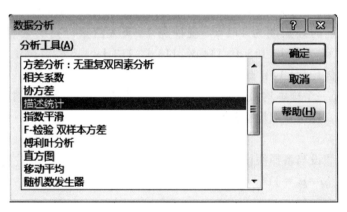

图 2-18 描述统计程序的选择

（2）"输入区域"选择 A 列的数据，按数据输入的格式选择"分组方式"是"逐行"还是"逐列"（本题为逐列），勾选"标志位于第一行"复选框（有标题且选中时），选择一个空白的单元格（C1）作为输出区域，勾选"汇总统计"和"平均数置信度"复选框，单击"确定"按钮，如图 2-19 所示。

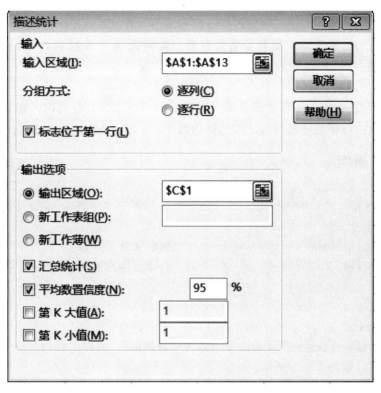

图 2-19 "描述统计"对话框

（3）输出结果，如图 2-20 所示。

| C | D | E | F | G |
|---|---|---|---|---|
| 妊娠期 | | | | |
| | | | | |
| 平均 | 114.33333 | | 置信上限 | 115.359 |
| 标准误差 | 0.4660169 | | 置信下限 | 113.308 |
| 中位数 | 114 | | 正常值 | 114 |
| 众数 | 115 | | $P$ 值 | ＞0.05 |
| 标准差 | 1.6143298 | | | |
| 方差 | 2.6060606 | | | |
| 峰度 | 1.2618172 | | | |
| 偏度 | 0.9046882 | | | |
| 区域 | 6 | | | |
| 最小值 | 112 | | | |
| 最大值 | 118 | | | |
| 求和 | 1372 | | | |
| 观测数 | 12 | | | |
| 置信度(95.0%) | 1.0256962 | | | |

图 2-20 总体均数的区间估计

（4）结果判定。正常值（已知总体均数）落在置信区间范围内，则 $P>0.05$，样本所在总体的均值与已知总体均数无显著性差异；正常值落在置信区间范围外，则 $P<0.05$，样本所在总体的均值与已知总体均数有显著性差异；此时需进一步检验两者是否有极显著差异，可将置信度从 95％ 调整为 99％，计算出 99％ 置信度时的置信区间，然后进行统计推断。

**【解答】** 本题正常值 114 在置信区间 $[115.359, 113.308]$ 范围内，则 $P>0.05$，差异不显著，说明大白母猪的妊娠期与已知总体均数 114 d 无显著性差异。

## 四、SPSS 操作

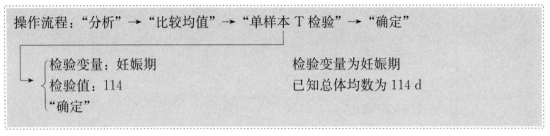

操作步骤如下：

（1）输入数据，在变量视图下修改变量名为"妊娠期"，选择"分析"→"比较均值"→"单样本 T 检验"，如图 2-21 所示。

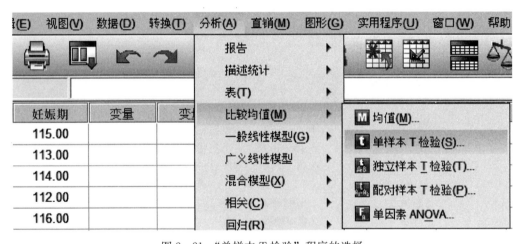

图 2-21 "单样本 T 检验"程序的选择

（2）将待检测的变量"妊娠期"从左侧备选框选到右侧的"检验变量"框，"检验值"框中输入"114"（常数即已知总体均数），单击"确定"按钮，如图 2-22 所示。

（3）结果输出，如表 2-9 所示。

（4）结果判定。"单个样本检验"表格中 Sig. 值（双尾 $P$ 值）$\leq 0.05$（或 0.01），差异显著或极显著，样本所在的总体均数与已知总体均数差异显著或极显著；若 Sig. 值（$P$ 值）$>0.05$，差异不显著，样本所在的总体均数与已知总体均数无显著性差异。若检验值部分输入

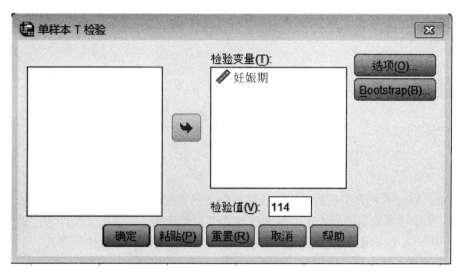

图 2-22 "单样本 T 检验"对话框

表 2-9 单个样本检验

| | 检验值=114 | | | | | |
|---|---|---|---|---|---|---|
| | | | | | 差分的 95% 置信区间 | |
| | $t$ | $df$ | Sig. (双侧) | 均值差值 | 下限 | 上限 |
| 妊娠期 | 0.715 | 11 | 0.489 | 0.33333 | −0.6924 | 1.3590 |

"0",则"差分的 95% 置信区间"部分输出的是置信下限和置信上限。

【解答】本题双侧 $P$ (0.489)>0.05,差异不显著,说明大白母猪的妊娠期与已知总体均数 114 d 无显著性差异。

## 五、上机习题

1. 某品种 10 头仔猪的出生体重为 1.5 kg、1.2 kg、1.3 kg、1.4 kg、1.8 kg、1.1 kg、0.9 kg、1.0 kg、1.6 kg、1.2 kg,估计该品种仔猪初生体重总体均数 95% 的置信区间([1.1005,1.4995])。

2. 按鸡配合饲料标准,产蛋高峰期每 1000 g 饲料中粗蛋白要大于 160 g。现从饲料厂的产品中随机抽检 12 个样品,测得 1000 g 饲料中粗蛋白含量为:155 kg、160 kg、162 kg、162 kg、170 kg、165 kg、156 kg、158 kg、164 kg、165 kg、164 kg、170 g,问此产品是否符合规定要求($t=1.859$,$P=0.090$)。

# 项目三　方差分析

多个（$k$ 个）样本用 T 检验进行均数的比较，需要做 $k(k-1)/2$ 次两两比较，如：4 个样本均数进行 6 次 T 检验比较，其可信度为 73.5%；5 个样本均数进行 10 次 T 检验比较，可信度只有 40.1%。显然，用 T 检验进行多次比较确定差异显著性的可信度很低，而方差分析可以有效解决这一难题。

方差分析

## 一、基本思想

方差分析是把总变异（全部观测值之间所表现的变异）分解为多个部分，除了随机误差以外，每一个部分的变异可以用某一个因素的作用来解释，通过比较各个部分的变异与随机误差的大小，构建 $F$ 值来推断 $P$ 值的范围。

## 二、常用术语

（1）试验指标：表示试验结果并对其进行度量的性状或观测的项目。
（2）试验因素：试验中所研究的影响试验指标的每一个条件，又称试验因子。
（3）试验水平：试验因素变化的各种状态或因素变化所分的等级，又称因素水平。
（4）试验处理：事先设计好的实施在试验单位上的具体项目，简称处理。
（5）试验单位：试验中能接受不同试验处理的独立的试验载体。
（6）重复：试验中将一个处理实施在两个或两个以上的试验单位上，称为处理有重复。一个处理实施的试验单位数称为处理的重复数。

## 三、分类

根据考察试验因素的多少，方差分析分为单因素方差分析、两因素方差分析和多因素方差分析三种。单因素方差分析主要用于检验一个试验因素不同水平处理间的相对效果，是方差分析中最简单的一种。

两因素方差分析分为交叉分组和系统分组两种情况，交叉分组根据各处理有无重复观测值又分为无重复两因素方差分析和有重复两因素方差分析，系统分组分为次级样本含量相等和不相等两种情形。

交叉分组是指一个因素的各个水平与另一个因素的各个水平发生交叉组合，两个试验因素地位平等，没有主次之分。系统分组是按因子的级别依次进行分组，选取因子水平时，首先选定一级因子的水平，然后再根据一级因子的水平选取二级因子的水平。本项目仅讨论交叉分组的情况。

## 四、$F$ 分布

在一个平均数为 $\mu$，方差为 $\sigma^2$ 的正态总体中随机抽取 $k$ 个样本容量为 $n$ 的样本，分别计算出处理内均方 $MS_e$，处理间均方 $MS_A$，两个均方的比值称为 $F$ 值，即

$$F = \frac{MS_A}{MS_e} \tag{3-1}$$

$F$ 值具有两个自由度：

$$df_1 = df_A = k-1 \tag{3-2}$$
$$df_2 = df_e = nk-k \tag{3-3}$$

在给定 $df_1$、$df_2$ 的情况下，对这一总体进行一系列独立随机抽样，则可获得一系列的 $F$ 值，这些 $F$ 值所具有的概率分布称为 $F$ 分布，如图 3-1 所示。

用 $F$ 值出现概率的大小推断一个总体方差是否大于另一个总体方差的方法称为 $F$ 检验。在方差分析中进行 $F$ 检验的目的在于推断处理间的差异是否存在，检验某项变异因素的效应方差是否为零。因此，在计算 $F$ 值时总是以被检验因素的均方作为分子，以误差均方作为分母。

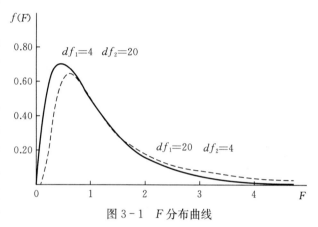

图 3-1 $F$ 分布曲线

## 五、两两比较

经 $F$ 检验显著后，为弄清多个处理均数间的差异显著性而进行的两两处理均数间的相互比较称为多重比较，又称两两比较。常见的比较方法有最小显著差数法（LSD 法）、最小显著极差法（LSR 法）。

**1. LSD 法**

首先确定一个最小的显著标准 $LSD_a$，将任意两个处理均数间差值的绝对值与这一显著标准进行比较，若差值的绝对值大于显著标准，则这两个处理有显著或极显著差异；若差值的绝对值小于显著标准，则两个处理无显著性差异。

$$LSD_a = t_a \times S_{\bar{x}_i - \bar{x}_j} \tag{3-4}$$

其中

$$S_{\bar{x}_i - \bar{x}_j} = \sqrt{S_e^2 \left(\frac{1}{n_i} + \frac{1}{n_j}\right)} \tag{3-5}$$

**2. LSR 法**

最小显著极差法（LSR 法）的特点是不同均数间比较时采用不同的显著标准，分为 SSR 法，也称 Duncan（邓肯）法和 q 检验法两种。由于两种方法的基本原理相同，本项目

仅介绍 Duncan 法的具体应用。

$$LSR_{\alpha(k,df_e)} = SSR_{\alpha(k,df_e)} \times \sqrt{\frac{S_e^2}{n_0}} \tag{3-6}$$

其中

$$n_0 = \frac{1}{k-1}\left[\sum n_i - \frac{\sum n_i^2}{\sum n_i}\right] \tag{3-7}$$

式（3-6）中，$k$ 是秩次距，将所有的均数按从大到小的顺序排列，所比较的两个均数作为两极，这两极范围内所包含的均数的个数（含所比较的两极）即为 $k$ 值。$df_e$ 是误差均方的自由度，$SSR_{\alpha(k,df_e)}$ 是根据显著水平 $\alpha$、自由度 $df_e$ 和秩次距 $k$ 查 SSR 值表所得的 SSR 值。式（3-7）中，$k$ 为处理数，$n_i$ 为各组的重复数。

**3. 检验尺度**

当两极差间所包含的均数个数 $k=2$ 时，LSD 法和 Duncan 法的检验尺度完全相同；当 $k > 2$ 时，LSD 法的检验尺度比 Duncan 法要低。

由于 LSD 法实质上就是 $t$ 检验法，只适用于各处理组与对照组比较而处理组间不进行比较的比较形式，故而一般情况下都采用 SSR 法（Duncan 法）进行两两比较。

## 六、方差分析的基本假定

（1）可加性。处理效应和误差效应是可加的。

（2）正态性。试验误差是独立的随机变量，并服从正态分布。

（3）同质性。所有试验处理的误差方差都是同质的。

当数据不能满足方差分析的要求时，可采取数据转换来改善。常用的数据转换方式有：反正弦转换、平方根转换和对数转换等。

单因素方差
分析

## 任务一 单因素方差分析

### 一、例题解析

【例 3-1】为比较不同配合饲料养鱼的效果，选取基本条件相同的鱼 20 尾，随机分成 4 组，每组 5 尾，投喂不同的配合饲料，1 个月后各组鱼的增重如表 3-1 所示，分析四种饲料饲养效果的差异显著性。

表 3-1 饲喂不同饲料鱼的增重

| 饲 料 | 鱼的增重/g | | | | |
|---|---|---|---|---|---|
| $A_1$ | 31.9 | 27.9 | 31.8 | 28.4 | 35.9 |
| $A_2$ | 24.8 | 25.7 | 26.8 | 27.9 | 26.2 |
| $A_3$ | 22.1 | 23.6 | 27.3 | 24.9 | 25.8 |
| $A_4$ | 27.0 | 30.8 | 29.0 | 24.5 | 28.5 |

【解析】本题考察的试验因素只有 1 个（饲料），有 4 个水平（$A_1 \sim A_4$，4 个样本），进

行 4 个样本均数的比较，属于单因素方差分析，其试验指标（考察的变量）是鱼的增重。

解题步骤如下：

（1）设立无效假设和备择假设。

无效假设 $H_0$：$\mu_1 = \mu_2 = \mu_3 = \mu_4$。

备择假设 $H_A$：$\mu_1$、$\mu_2$、$\mu_3$、$\mu_4$ 不完全相等。

（2）列表计算。计算饲喂不同配合饲料鱼增重的总和及平均数，见表 3-2。

表 3-2　饲喂不同配合饲料鱼的增重计算

| 饲料 | 鱼的增重（$x$）/g | | | | | 总和（$T_i$） | 平均数（$\bar{x}_i$） |
|---|---|---|---|---|---|---|---|
| $A_1$ | 31.9 | 27.9 | 31.8 | 28.4 | 35.9 | 155.9 | 31.2 |
| $A_2$ | 24.8 | 25.7 | 26.8 | 27.9 | 26.2 | 131.4 | 26.3 |
| $A_3$ | 22.1 | 23.6 | 27.3 | 24.9 | 25.8 | 123.7 | 24.7 |
| $A_4$ | 27.0 | 30.8 | 29.0 | 24.5 | 28.5 | 139.8 | 28.0 |
| 合计 | | | | | | 550.8 | |

（3）计算各项的平方和及自由度。

矫正数：
$$C = \frac{T^2}{kn} = \frac{550.8^2}{4 \times 5} = 15169.03$$

总平方和：
$$SS_T = \sum\sum x_{ij}^2 - C = 199.67$$

组间平方和：
$$SS_A = \frac{1}{n}\sum T_i^2 - C = 114.27$$

组内平方和：　$SS_e = SS_T - SS_A = 85.40$

总自由度：　$df_T = nk - 1 = 5 \times 4 - 1 = 19$

组间自由度：　$df_A = k - 1 = 4 - 1 = 3$

组内自由度：　$df_e = df_T - df_A = 19 - 3 = 16$

（4）列出方差分析表（表 3-3），进行 F 检验。

表 3-3　饲喂不同饲料鱼增重的方差分析

| 差异源 | $SS$ | $df$ | $MS$ | $F$ | $F_{0.01}$ |
|---|---|---|---|---|---|
| 饲料间 | 114.27 | 3 | 38.09 | 7.14** | 5.29 |
| 误差 $e$ | 85.40 | 16 | 5.34 | | |
| 总变异 | 199.67 | 19 | | | |

根据 $df_1 = 3$，$df_2 = 16$，查 F 值表得：$F_{0.01(3,16)} = 5.29$。

由于 $F = 7.14 > F_{0.01(3,16)}$，则 $P < 0.01$，四种配合饲料的饲养效果差异极显著，在右上角标注 2 个星号。

（5）多重比较。

① LSD 法。已知 $MS_e = 5.34$，$n = 5$；由显著水平 $\alpha$ 及 $df_e = 16$，查 t 值表得：$t_{0.05(16)} = 2.120$，$t_{0.01(16)} = 2.921$；故而

$$LSD_{0.05}=2.120\times\sqrt{2\times5.34/5}=3.10$$

$$LSD_{0.01}=2.921\times\sqrt{2\times5.34/5}=4.27$$

用两个处理均数的差值的绝对值与 3.10 和 4.27 进行比较，凡大于两个显著标准的，表现为差异显著或极显著，如表 3-4 所示。

表 3-4　不同组的多重比较

| 饲料 | $\bar{x}$ | $\bar{x}-24.74$ | $\bar{x}-26.28$ | $\bar{x}-27.96$ |
|------|------|------|------|------|
| $A_1$ | 31.18 | 6.46** | 4.90** | 3.22* |
| $A_4$ | 27.96 | 3.22* | 1.68 | |
| $A_2$ | 26.28 | 1.54 | | |
| $A_3$ | 24.74 | | | |

多重比较的结果用三角形星号法表示，把平均数按从大到小的顺序从上到下排列，再列出两两均数的差值，右上角标记上差异显著程度的星号（差异显著标注"＊"，差异极显著标注"＊＊"，不显著则不标）。

表 3-4 中，6.46 和 4.90 两个差值都大于 4.27，所以这两个差值表现为差异极显著，右上角标注 2 个星号；3.22＞3.10，表现为差异显著，右上角标注 1 个星号；其余差值均小于 3.10，表现为差异不显著，无须标注。

② Duncan 法。已知 $MS_e=5.34$，$n=5$；故而

$$S_{\bar{x}}=\sqrt{\frac{MS_e}{n}}=\sqrt{\frac{5.34}{5}}=1.03$$

根据 $df_e=16$，秩次距 $k$ 为 2、3、4，显著水平 $\alpha$ 为 0.05、0.01，查 SSR 值表得到各临界 SSR 值，然后乘以 $S_{\bar{x}}=1.03$ 即可得各最小显著极差（LSR 值），结果如表 3-5 所示。

表 3-5　SSR 值及 LSR 值

| 秩次距 $k$ | $SSR_{0.05}$ | $SSR_{0.01}$ | $LSR_{0.05}$ | $LSR_{0.01}$ |
|------|------|------|------|------|
| 2 | 3.00 | 4.13 | 3.09 | 4.25 |
| 3 | 3.15 | 4.34 | 3.24 | 4.47 |
| 4 | 3.23 | 4.45 | 3.33 | 4.58 |

不同饲料的多重比较结果如表 3-6、表 3-7 所示。

表 3-6　不同组的多重比较（三角形星号法）

| 饲料 | $\bar{x}$ | $\bar{x}-24.74$ | $\bar{x}-26.28$ | $\bar{x}-27.96$ |
|------|------|------|------|------|
| $A_1$ | 31.18 | 6.46** | 4.90** | 3.22* |
| $A_4$ | 27.96 | 3.22 | 1.68 | |
| $A_2$ | 26.28 | 1.54 | | |
| $A_3$ | 24.74 | | | |

表 3-7 不同组的多重比较（字母标记法）

| 饲料 | $\bar{x}$ | 差异显著性 | |
| --- | --- | --- | --- |
| | | 0.05 | 0.01 |
| $A_1$ | 31.18 | a | A |
| $A_4$ | 27.96 | b | AB |
| $A_2$ | 26.28 | b | B |
| $A_3$ | 24.74 | b | B |

字母标记法是将均数按从大到小的顺序依次排列，在最大的均数旁标上字母 a，并将其与后面的均数比较，差异不显著的继续标注字母 a，差异显著的则标注字母 b；然后再用差异显著的这个均数继续和后面的均数进行比较。标注的原则是：差异不显著的均数标注同一个字母，直到差异显著后换下一个字母，以此类推。当 $\alpha = 0.01$ 时，用大写的英文字母表示。

（6）结论。经过两两比较，在饲养效果方面 $A_1$ 饲料与 $A_2$ 饲料、$A_3$ 饲料差异极显著，与 $A_4$ 饲料差异显著；其他饲料对鱼增重的效果差异不显著，说明 $A_1$ 饲料的饲养效果最好。

## 二、Excel 操作

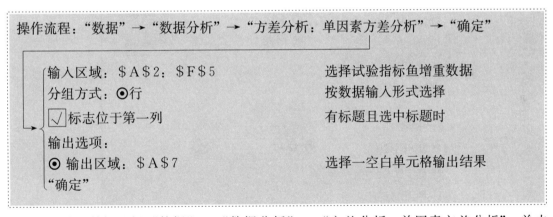

操作流程："数据" → "数据分析" → "方差分析：单因素方差分析" → "确定"

输入区域：$A$2：$F$5　　　　　选择试验指标鱼增重数据
分组方式：◉行　　　　　　　　按数据输入形式选择
☑标志位于第一列　　　　　　　有标题且选中标题时
输出选项：
◉ 输出区域：$A$7　　　　　选择一空白单元格输出结果
"确定"

（1）输入数据选择"数据"→"数据分析"→"方差分析：单因素方差分析"，单击"确定"按钮，如图 3-2、图 3-3 所示。

| 饲料 | 鱼的增重 ($x$) | | | | |
| --- | --- | --- | --- | --- | --- |
| $A_1$ | 31.9 | 27.9 | 31.8 | 28.4 | 35.9 |
| $A_2$ | 24.8 | 25.7 | 26.8 | 27.9 | 26.2 |
| $A_3$ | 22.1 | 23.6 | 27.3 | 24.9 | 25.8 |
| $A_4$ | 27.0 | 30.8 | 29.0 | 24.5 | 28.5 |

图 3-2 不同配合饲料鱼增重数据的输入

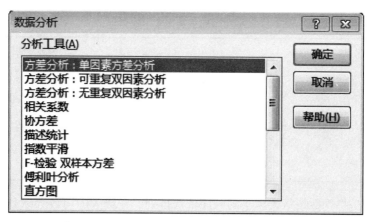

图 3-3 "单因素方差分析"程序的选择

（2）"输入区域"选中所有的数据（包含因素分类的标题），根据数据输入方式确定"分组方式"（列或行），勾选"标志位于第一行/列"复选框（可选），选择一个空白单元格作为输出区域，单击"确定"按钮，如图 3-4 所示。

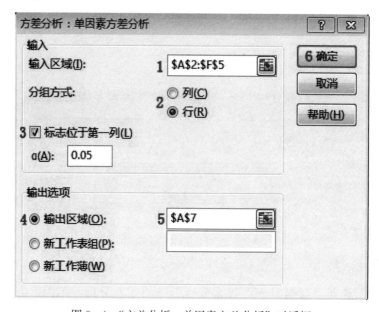

图 3-4 "方差分析：单因素方差分析"对话框

（3）结果输出如图 3-5 所示。

| 方差分析差异源 | SS | df | MS | F | P-value | F crit |
|---|---|---|---|---|---|---|
| 组间 | 114.268 | 3 | 38.0893 | 7.13617 | 0.00294 | 3.238872 |
| 组内 | 85.4 | 16 | 5.3375 | | | |
| | | | | | | |
| 总计 | 199.668 | 19 | | | | |

图 3-5 方差分析结果

（4）结果判定。"方差分析"表中 P-value（$P$ 值）≤0.05（或 0.01），说明差异显著或极显著，必须进行两两比较选出最优水平；P-value（$P$ 值）>0.05，说明差异不显著，无须进行两两比较。

平方和（SS）反映的是组间差异和组内差异的大小，比较组间、组内平方和的大小可以了解是试验因素还是误差效应对总变异的影响大。

【解答】本题 $P$（0.0029）<0.01，差异极显著，说明 4 种饲料的饲养效果差异极显著。

## 三、SPSS 操作

输入数据（在数据视图下将所有数据输入到 1 列），在变量视图下修改变量名为"鱼增重"，增加一个分组变量"饲料"，在新变量"值标签"对话框中定义饲料的种类（点击"饲料"这行的"值"列单元格，单击出现的"…"按钮，输入值 1 代表标签 $A_1$，值 2 代表标签 $A_2$，值 3 代表标签 $A_3$，值 4 代表标签 $A_4$），全部添加完成后单击"确定"按钮，回到数据视图输入"饲料"分组变量的数据，如图 3-6 所示。

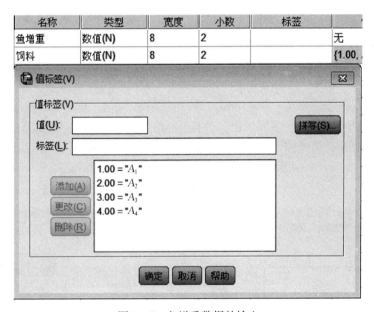

图 3-6 鱼增重数据的输入

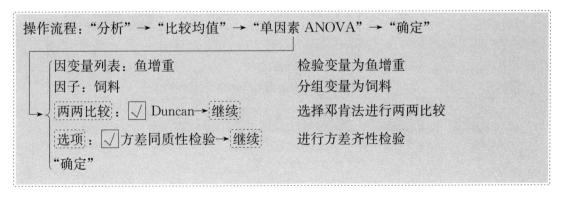

（1）选择"分析"→"比较均值"→"单因素 ANOVA（One - Way Analysis of Variance）"，如图 3 - 7 所示。

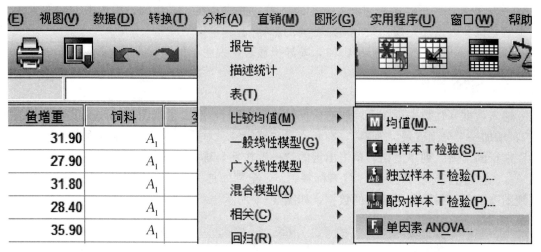

图 3 - 7　单因素方差分析程序的选择

（2）将待检测的变量"鱼增重"从左侧备选框选到右侧的"因变量列表"框，将分组变量"饲料"选到右侧的"因子"框，单击"两两比较"按钮，根据需要勾选 LSD、Duncan 复选框，单击"继续"按钮（字体加粗部分操作的前提是方差分析有显著差异），单击"选项"按钮，勾选"方差同质性检验"复选框，单击"继续"按钮，再单击"确定"按钮，如图 3 - 8、图 3 - 9 和图 3 - 10 所示。

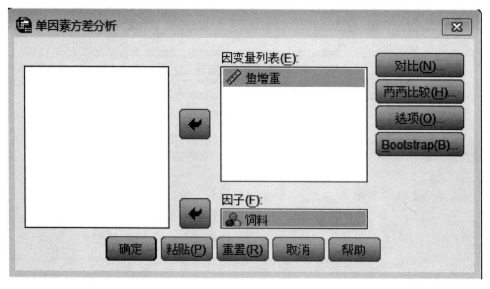

图 3 - 8　"单因素方差分析"对话框

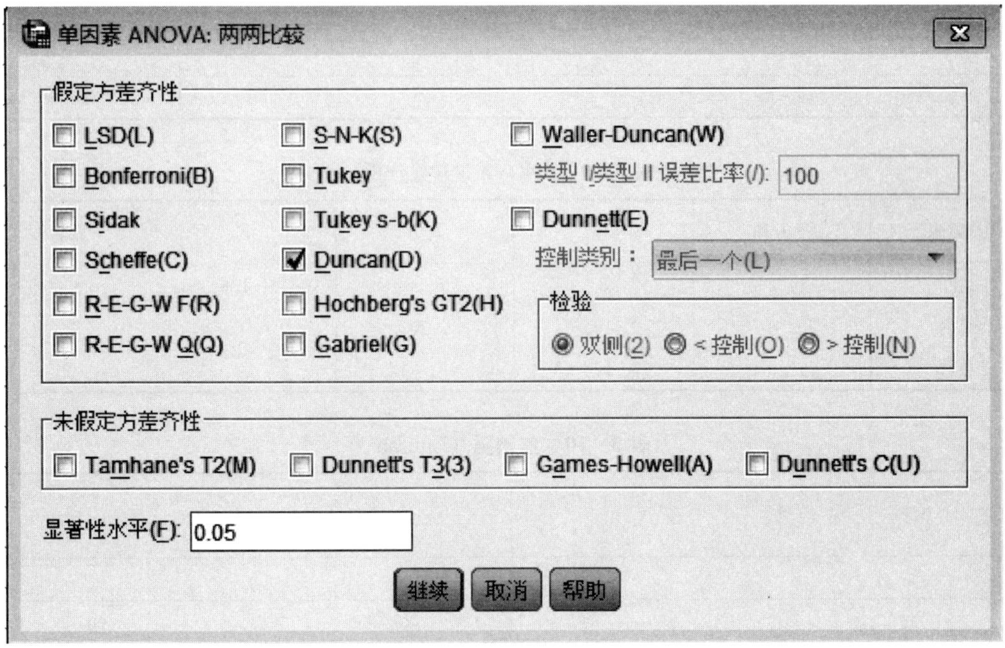

图 3-9 "单因素 ANORA：两两比较"对话框

图 3-10 "单因素 ANOVA：选项"对话框

（3）结果输出如表 3-8 所示。

表 3-8　方差齐性检验

| Levene 统计量 | $df_1$ | $df_2$ | 显著性 |
|---|---|---|---|
| 1.330 | 3 | 16 | 0.299 |

表 3-9　ANOVA（方差分析）

| 差异源 | 平方和 | $df$ | 均方 | $F$ | 显著性 |
|---|---|---|---|---|---|
| 组间 | 114.268 | 3 | 38.089 | 7.136 | 0.003 |
| 组内 | 85.400 | 16 | 5.337 | | |
| 总数 | 199.668 | 19 | | | |

表 3-10　鱼增重（Duncan[a]）

| 饲料 | N | $\alpha=0.05$ 的子集 | |
|---|---|---|---|
| | | 1 | 2 |
| $A_3$ | 5 | 24.7400 | |
| $A_2$ | 5 | 26.2800 | |
| $A_4$ | 5 | 27.9600 | |
| $A_1$ | 5 | | 31.1800 |
| 显著性 | | 0.052 | 1.000 |

（4）结果判定。"方差齐性检验"表格是方差齐性检验的结果，其显著性即 $P>0.05$，说明资料的方差齐，符合方差分析及邓肯法两两比较的要求。

表 3-9 ANOVA（方差分析）是方差分析的结果，显著性即 $P \leqslant 0.05$（或 0.01），说明差异显著或极显著，需要进行两两比较；若 $P>0.05$，差异不显著，则无须进行两两比较。

表 3-10 鱼增重（Duncan[a]）是邓肯法两两比较的结果，按照均数从小到大排列，同一列中的处理差异不显著，不同列的处理差异（极）显著，按照题干要求可选择最优的水平。

【解答】本题方差分析的 $P$（0.003）$<0.01$，差异极显著；说明四种饲料的饲养效果有极显著的差异；经过邓肯法两两比较，$A_1$ 饲料的饲养效果最好。

## 四、上机习题

1. 在同样饲养管理条件下，3 个品种猪的增重如表 3-11 所示，检验 3 个品种猪的增重是否有显著差异（$F=6.424$，$P=0.005$）。

表 3-11　3 个品种猪的增重

| 品　种 | 猪增重/kg | | | | | | | | | |
|---|---|---|---|---|---|---|---|---|---|---|
| $A_1$ | 16 | 12 | 18 | 18 | 13 | 11 | 15 | 10 | 17 | 18 |
| $A_2$ | 10 | 13 | 11 | 9 | 16 | 14 | 8 | 15 | 13 | 8 |
| $A_3$ | 11 | 8 | 13 | 6 | 7 | 15 | 9 | 12 | 10 | 11 |

2. 用同一头公猪对 3 头母猪进行配种试验，所产各头仔猪断奶时的体重（单位：kg）资料如下：

NO.1：24.0、22.5、24.0、20.0、22.0、23.0、22.0、22.5

NO.2：19.0、19.5、20.0、23.5、19.0、21.0、16.5

NO.3：16.0、16.0、15.5、20.5、14.0、17.5、14.5、15.5、19.0

试分析母猪对仔猪体重效应的差异显著性（$F=21.515$，$P=8.25 \times 10^{-6}$）。

## 任务二 双因素方差分析

对于双因素方差分析，能研究因素的简单效应、主效应和因素间的交互作用（互作效应），三种效应的意义分别如下：

**1. 简单效应**（simple effect）

在某因素同一水平上，另一因素不同水平对试验指标的影响称为简单效应。

**2. 主效应**（main effect）

由于因素水平的改变而引起试验指标平均数的改变量称为主效应。

**3. 交互作用**（互作效应，interaction）

在多因素试验中，一个因素的作用要受到另一个因素的影响，表现为某一因素在另一因素的不同水平上所产生的效应不同，这种现象称为这两个因素存在交互作用。

若 A、B 因素交互作用不显著，应将交互作用变异与误差变异合并，用合并后的变异方差作为误差项，对两个因素分别进行 F 检验，再分别选出 A、B 因素的最优水平，相互组合后得到最优水平组合；若 A、B 因素的交互作用显著，一般不必进行两个因素主效应的显著性检验（因为此时主效应的显著性在实用意义上并不重要），而是直接进行各水平组合平均数的多重比较，选出最优水平组合。

对于有重复和无重复资料的方差分析，其主要区别是有重复的资料可以对两因素各水平之间的交互作用进行分析；而无重复的资料，由于每一个水平组合中只有一个观测值，互作效应和随机误差不能被剖分，只能分析因素的主效应，所以只能用于不存在互作或不存在随机误差的情况，通常见于用随机单位组设计的试验资料。

### 》》 子任务一 无重复双因素方差分析 《《

**无重复双因素方差分析**

**一、背景知识**

两因素无重复观测值试验资料是每个试验处理只有一个观测值，进行方差分析时其平方和与自由度剖分的公式为：

$$SS_T = SS_A + SS_B + SS_e \tag{3-8}$$

$$df_T = df_A + df_B + df_e \tag{3-9}$$

设 A 因素有 m 个水平，B 因素有 k 个水平，则各项平方和的计算公式为：

$$SS_T = \sum_{i=1}^{k} \sum_{j=1}^{m} (x_{xj} - \bar{x})^2 \tag{3-10}$$

$$SS_A = k \sum_{j=1}^{m} (\bar{x}_j - \bar{x})^2 \qquad (3-11)$$

$$SS_B = m \sum_{i=1}^{k} (\bar{x}_i - \bar{x})^2 \qquad (3-12)$$

计算 $SS_A$ 时可以把 $B$ 因素的水平数 $k$ 看作 $A$ 因素的重复数，计算 $SS_B$ 时把 $A$ 因素的水平数 $m$ 看成 $B$ 因素的重复数。

## 二、例题解析

【例 3-2】为研究雌激素对大鼠子宫发育的影响，现从 4 个不同品系各 1 窝未成年的大鼠中选取 3 只体重相近的雌鼠，随机注射 3 种剂量的雌激素，然后在相同条件下饲养至成年，称得其子宫重量（单位：g）如表 3-12 所示，试对试验结果进行方差分析。

表 3-12　大鼠的子宫重量

| 品系（A） | 每 100 g 子宫重量注射雌激素剂量（B）/mg | | |
| --- | --- | --- | --- |
| | $B_1$（0.2） | $B_2$（0.4） | $B_3$（0.8） |
| $A_1$ | 106 | 116 | 145 |
| $A_2$ | 42 | 68 | 115 |
| $A_3$ | 70 | 111 | 133 |
| $A_4$ | 42 | 63 | 87 |

【解析】本题是多个样本均数的比较，属于方差分析；考察品系和雌激素注射剂量两个试验因素对试验指标的影响，每个水平组合（同一试验条件下）只进行一次试验，没有重复，故属于无重复双因素方差分析。

解题步骤如下：

（1）提出假设。

无效假设 $H_0$：不同品系、不同雌激素注射剂量之间子宫重量均无显著差异。

备择假设 $H_A$：不同品系、不同雌激素注射剂量之间子宫重量有显著差异。

（2）列计算表（表 3-13）。

表 3-13　大鼠子宫重量计算

单位：g

| 因素 | $B_1$ | $B_2$ | $B_3$ | $T_A$ | $\bar{x}_A$ |
| --- | --- | --- | --- | --- | --- |
| $A_1$ | 106 | 116 | 145 | 367 | 122.3 |
| $A_2$ | 42 | 68 | 115 | 225 | 75.0 |
| $A_3$ | 70 | 111 | 133 | 314 | 104.7 |
| $A_4$ | 42 | 63 | 87 | 192 | 64.0 |
| $T_B$ | 260 | 358 | 480 | 1098 | |
| $\bar{x}_B$ | 65.0 | 89.5 | 120.0 | | |

（3）计算各项平方和与自由度。

矫正数：

$$C = \frac{T^2}{km} = \frac{1098^2}{4 \times 3} = 100467$$

总平方和：$\qquad SS_T = \sum_{i=1}^{k}\sum_{j=1}^{m}x_{ij}^2 - C = 13075$

组间平方和 $A$：$\qquad SS_A = \frac{1}{k}\sum T_A^2 - C = 6457.67$

组间平方和 $B$：$\qquad SS_B = \frac{1}{m}\sum T_B^2 - C = 6047$

组内平方和：$\qquad SS_e = SS_T - SS_A - SS_B = 543.33$

总自由度：$\qquad df_T = mk - 1 = 12 - 1 = 11$

组间自由度 $A$：$\qquad df_A = m - 1 = 4 - 1 = 3$

组间自由度 $B$：$\qquad df_B = k - 1 = 3 - 1 = 2$

组内自由度：$\qquad df_e = df_T - df_A - df_B = 6$

（4）列方差分析表，进行 F 检验，如表 3-14 所示。

表 3-14 方差分析

| 变异来源 | SS | $df$ | MS | F | $F_{0.01}$ |
|---|---|---|---|---|---|
| 品系（A） | 6457.67 | 3 | 2152.56 | 23.77 | 9.78 |
| 剂量（B） | 6074 | 2 | 3037 | 33.54 | 10.92 |
| 误差 | 543.33 | 6 | 90.56 | | |
| 总变异 | 13075 | 11 | | | |

查 F 值表得：$F_{0.01(3,6)} = 9.78$，$F_{0.01(2,6)} = 10.92$。

因为 $F_A = 23.77 > F_{0.01(3,6)}$，则 $P < 0.01$，不同品系间大鼠子宫重量差异极显著；$F_B = 33.54 > F_{0.01(2,6)}$，故 $P < 0.01$，不同雌激素注射剂量间大鼠子宫重量差异极显著。

（5）多重比较。用邓肯法分别对 4 个品系和 3 种注射剂量的大鼠子宫重均数进行两两比较，结果表明：$A_1$、$A_3$ 品系大鼠的子宫平均重量极显著高于 $A_2$、$A_4$ 品系，但 $A_1$ 和 $A_3$ 品系之间、$A_2$ 和 $A_4$ 品系之间大鼠子宫平均重量无显著性差异；雌激素注射剂量 0.8 mg 的大鼠子宫平均重量极显著高于注射剂量为 0.4 mg 和 0.2 mg 的，注射剂量 0.4 mg 的大鼠子宫平均重量显著高于注射剂量为 0.2 mg 的。具体解答过程不再赘述。

## 三、Excel 操作

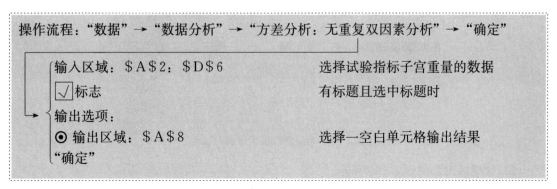

操作流程："数据" → "数据分析" → "方差分析：无重复双因素分析" → "确定"

| 输入区域：$A$2：$D$6 | 选择试验指标子宫重量的数据 |
| ☑ 标志 | 有标题且选中标题时 |
| 输出选项： | |
| ◉ 输出区域：$A$8 | 选择一空白单元格输出结果 |
| "确定" | |

（1）输入数据，单击"数据"→"数据分析"→"方差分析：无重复双因素分析"，单击"确定"按钮，如表 3-15 和图 3-11 所示。

表 3-15    大鼠子宫重量数据                                                          单位：g

| 因素 | $B_1$ | $B_2$ | $B_3$ |
|------|-------|-------|-------|
| $A_1$ | 106 | 116 | 145 |
| $A_2$ | 42 | 68 | 115 |
| $A_3$ | 70 | 111 | 133 |
| $A_4$ | 42 | 63 | 87 |

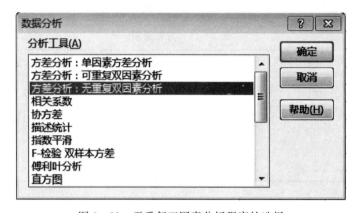

图 3-11    无重复双因素分析程序的选择

（2）"输入区域"选中所有的数据（可包含两个因素的分类标题），勾选"标志"复选框（可选），选择一个空白单元格作为输出区域，单击"确定"按钮，如图 3-12 所示。

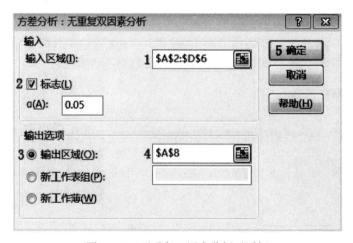

图 3-12    无重复双因素分析对话框

（3）结果输出，如图 3-13 所示。

| 方差分析差异源 | SS | df | MS | F | P-value | F crit |
|---|---|---|---|---|---|---|
| 行 | 6457.667 | 3 | 2152.556 | 23.77055 | 0.000992 | 4.757063 |
| 列 | 6074 | 2 | 3037 | 33.53742 | 0.000554 | 5.143253 |
| 误差 | 543.3333 | 6 | 90.55556 | | | |
| | | | | | | |
| 总计 | 13075 | 11 | | | | |

图 3-13 方差分析结果

（4）结果判定。"行"代表横向输入数据的因素（品系 $A$），"列"代表纵向输入数据的因素（注射剂量 $B$）；P-value（$P$ 值）≤0.05（或 0.01），说明差异显著或极显著，必须进行两两比较选出最优水平；若 P-value（$P$ 值）>0.05，说明差异不显著，无须进行两两比较。

【解答】本题品系的 $P$（0.0010）<0.01，说明不同品系间大鼠的子宫重量差异极显著；注射剂量的 $P$（0.0006）<0.01，说明不同注射剂量间大鼠的子宫重量差异极显著；两个因素都需要进行两两比较。

## 四、SPSS 操作

输入数据（在数据视图下将所有数据输入到 1 列），在变量视图下修改变量名为"子宫重"，增加两个分组变量（品系、注射剂量），在对应的"值标签"对话框中定义因素的种类，全部添加完成后单击"确定"按钮，回到数据视图，输入分组变量的数据，如图 3-14 所示。

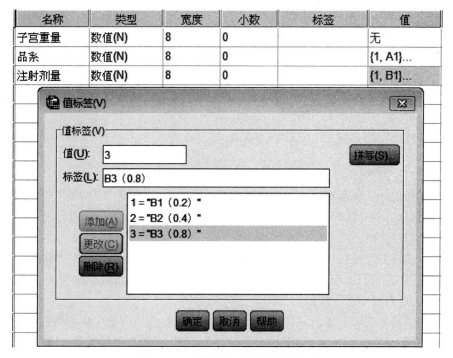

图 3-14 大鼠子宫重量数据的输入

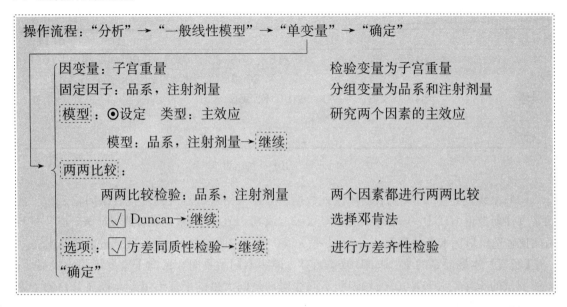

（1）单击"分析"→"一般线性模型"→"单变量"，如图 3-15 所示。

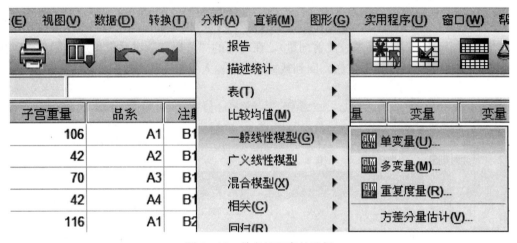

图 3-15　单变量程序的选择

（2）将试验指标"子宫重量"从左侧备选变量框选到右侧的"因变量"框，将分组变量（两个因子"品系"和"注射剂量"）从左侧备选变量框选到右侧的"固定因子"框，如图 3-16 所示。

（3）单击"模型"按钮，在"指定模型"项中选择"设定"单选项，"构建项"类型修改为"主效应"，将"因子与协变量"框中的两个因子变量（品系、注射剂量）选到右侧"模型"框中，单击"继续"按钮，如图 3-17 所示。

（4）单击"两两比较"按钮，将差异显著的因子从左侧"因子"框选到右侧"两两比较检验"框，选择"Duncan"（邓肯法）进行两两比较，单击"继续"按钮，如图 3-18 所示。

图 3－16 "单变量"对话框

图 3－17 "单变量：模型"对话框

（5）单击"选项"按钮，勾选"方差齐性检验"复选框，单击"继续"按钮，再单击"确定"按钮，如图 3－19 所示。

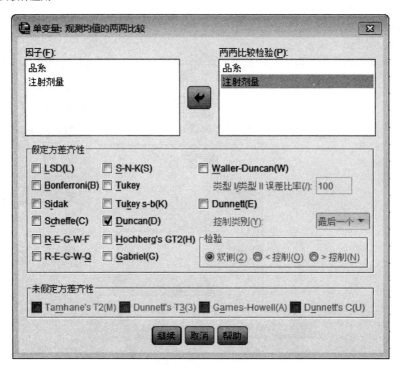

图 3-18  观测均值的两两比较对话框

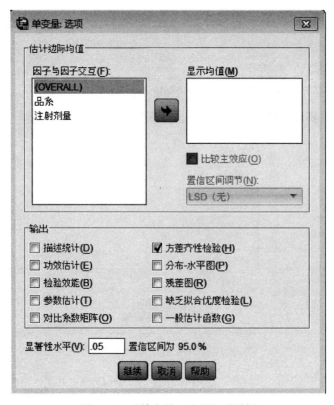

图 3-19  "单变量：选项"对话框

（6）结果输出如表 3-16 至表 3-19 所示。

**表 3-16 方差齐性检验**

| F | $df_1$ | $df_2$ | Sig. |
|---|---|---|---|
| . | 11 | 0 | . |

**表 3-17 主体间效应的检验**

因变量：子宫重量

| 源 | Ⅲ型平方和 | $df$ | 均方 | F | Sig. |
|---|---|---|---|---|---|
| 校正模型 | 112998.667[a] | 6 | 18833.111 | 207.973 | 0.000 |
| 品系 | 6457.667 | 3 | 2152.556 | 23.771 | 0.001 |
| 注射剂量 | 6074.000 | 2 | 3037.000 | 33.537 | 0.001 |
| 误差 | 543.333 | 6 | 90.556 | | |
| 总计 | 113542.000 | 12 | | | |

**表 3-18 子宫重量（品系）两两比较**

| 品系 | N | 子集 | |
|---|---|---|---|
| | | 1 | 2 |
| $A_4$ | 3 | 64.00 | |
| $A_2$ | 3 | 75.00 | |
| $A_3$ | 3 | | 104.67 |
| $A_1$ | 3 | | 122.33 |
| Sig. | | 0.207 | 0.063 |

**表 3-19 子宫重量（注射剂量）两两比较**

| 注射剂量 | N | 子集 | | |
|---|---|---|---|---|
| | | 1 | 2 | 3 |
| $B_1$（0.2） | 4 | 65.00 | | |
| $B_2$（0.4） | 4 | | 89.50 | |
| $B_3$（0.8） | 4 | | | 120.00 |
| Sig. | | 1.000 | 1.000 | 1.000 |

（7）结果判定。"方差齐性检验"表格中由于无重复资料的组内自由度为零，故无法计算出具体的 $P$ 值；"主体间效应的检验"表格是方差分析的结果，因素的 Sig. 值（$P$ 值）≤0.05（或 0.01），说明差异显著或极显著，需要进行两两比较；若 Sig. 值（$P$ 值）＞0.05，说明差异不显著，无须进行两两比较。

"子宫重量（品系、注射剂量）"表格分别是两个因素邓肯法两两比较的结果，按照均数从小到大排列，同一列中的处理差异不显著，不同列的处理差异（极）显著，按照题干的要求分别选择两因素最优的水平。

【解答】本题品系的 $P<0.01$，品系间子宫重量差异极显著；注射剂量的 $P<0.01$，注射剂量间子宫重量差异极显著；经过两两比较，品系选择 $A_1$ 或 $A_3$，雌激素注射剂量选择 $B_3$（每 100 g，0.8 mg）子宫增重效果最好。

## 五、上机习题

1. 为了比较 4 种饲料（$A$）和 3 个品种（$B$）猪的饲养效果，每个品种随机抽取 4 头猪分别喂以 4 种不同饲料。随机配置，分栏饲养。60～90 日龄内分别测出每头猪的日增重（g）数据如表 3-20 所示，试检验饲料及品种间的差异显著性（$F_A=11.134$，$P_A=0.007$；$F_B=13.206$，$P_B=0.006$）。

**表 3-20**

| 因素 | $A_1$ | $A_2$ | $A_3$ | $A_4$ |
|------|-------|-------|-------|-------|
| $B_1$ | 505 | 545 | 590 | 530 |
| $B_2$ | 490 | 515 | 535 | 505 |
| $B_3$ | 445 | 515 | 510 | 495 |

2. 用 3 种配合饲料 $B_1$、$B_2$、$B_3$ 饲喂 4 个品种的猪 $A_1$、$A_2$、$A_3$、$A_4$，饲喂 3 个月后猪增重（kg）的结果见表 3-21 所示，试比较不同品种、不同饲料之间猪增重的差异显著性（$F_A=189.857$，$P_A=2.47\times10^{-6}$；$F_B=9.000$，$P_B=0.016$）。

**表 3-21**

| 因素 | $B_1$ | $B_2$ | $B_3$ |
|------|-------|-------|-------|
| $A_1$ | 51 | 53 | 52 |
| $A_2$ | 56 | 57 | 58 |
| $A_3$ | 45 | 49 | 47 |
| $A_4$ | 42 | 44 | 43 |

## 》》 子任务二　可重复双因素方差分析 《《

有重复双因素方差分析

## 一、背景知识

两因素有重复试验结果的方差分析，其平方和和自由度的剖分公式如下：

$$SS_T=SS_A+SS_B+SS_{A\times B}+SS_e=SS_{AB}+SS_e \qquad (3-13)$$

$$df_T=df_A+df_B+df_{A\times B}+df_e=df_{AB}+df_e \qquad (3-14)$$

式中，$SS_{AB}$ 为水平组合平方和（处理平方和），$SS_{A\times B}$ 为 $A$ 与 $B$ 两个因素交互作用平方和。

设 $A$ 因素有 $k$ 个水平，$B$ 因素有 $m$ 个水平，每个处理有 $n$ 个观测值，共有 $km$ 个处理，$kmn$ 个观测值，则各项平方和公式为：

$$SS_T=\sum_{i=1}^{k}\sum_{j=1}^{m}\sum_{l=1}^{m}(x_{ijl}-\bar{x})^2=\sum_{i=1}^{k}\sum_{j=1}^{m}\sum_{l=1}^{n}x^2-C \qquad (3-15)$$

$$SS_{AB} = n\sum_{i=1}^{k}\sum_{j=1}^{m}(\bar{x}_{ij}-\bar{x})^2 = \frac{1}{n}\sum_{i=1}^{k}\sum_{j=1}^{m}T_{AB}^2 - C \qquad (3-16)$$

$$SS_A = \sum_{i=1}^{k}\sum_{j=1}^{m}\sum_{l=1}^{n}(\bar{x}_{Ai}-\bar{x})^2 = \frac{1}{mn}\sum T_{Ai}^2 - C \qquad (3-17)$$

$$SS_B = \sum_{i=1}^{k}\sum_{j=1}^{m}\sum_{l=1}^{n}(\bar{x}_{Bi}-\bar{x})^2 = \frac{1}{kn}\sum T_{Bi}^2 - C \qquad (3-18)$$

$$SS_{A\times B} = SS_{AB} - SS_A - SS_B \qquad (3-19)$$

$$SS_e = SS_T - SS_{AB} \qquad (3-20)$$

各项自由度公式为：$df_T = kmn-1$，$df_{AB} = km-1$，$df_A = k-1$，$df_B = m-1$，$df_{A\times B} = df_{AB}-df_A-df_B$，$df_e = df_T-df_{AB}$。

## 二、例题解析

【例 3-3】现有 3 个品种 3 种饲料的仔猪增重（kg）资料见表 3-22，试问品种间、饲料间和水平组合之间仔猪的增重有无差异？

**表 3-22　3 个品种 3 种饲料仔猪增重资料**

单位：kg

| 品　种 | 饲　料 | | | | | | | | |
|---|---|---|---|---|---|---|---|---|---|
| | $B_1$ | | | | $B_2$ | | | $B_3$ | |
| $A_1$ | 53 | 52 | 53 | 53 | 55 | 54 | 52 | 51 | 52 |
| $A_2$ | 49 | 50 | 51 | 52 | 54 | 53 | 48 | 49 | 50 |
| $A_3$ | 54 | 53 | 51 | 55 | 51 | 52 | 52 | 49 | 48 |

【解析】本题是多个样本均数的比较，选用方差分析；考察饲料和品种两个试验因素，每个水平组合（同一试验条件下）进行 3 次试验，即重复了 3 次，故属于可重复双因素方差分析。

解题步骤如下：

（1）提出假设。

无效假设 $H_0$：不同品种、不同饲料对仔猪增重均无影响。

备择假设 $H_A$：不同品种、不同饲料对仔猪增重均有影响。

（2）列计算表（表 3-23）。

**表 3-23　仔猪增重计算**

单位：kg

| 品　种 | 饲　料 | | | $T_{Ai}$ | $\bar{X}_{Ai}$ |
|---|---|---|---|---|---|
| | $B_1$ | $B_2$ | $B_3$ | | |
| $A_1$ | 53 | 53 | 52 | 475 | 52.78 |
| | 52 | 55 | 51 | | |
| | 53 | 54 | 52 | | |

（续）

| 品　种 | 饲　料 | | | $T_{Ai}$ | $\bar{X}_{Ai}$ |
| | $B_1$ | $B_2$ | $B_3$ | | |
|---|---|---|---|---|---|
| | 49 | 52 | 48 | | |
| $A_2$ | 50 | 54 | 49 | 456 | 50.67 |
| | 51 | 53 | 50 | | |
| | 54 | 55 | 52 | | |
| $A_3$ | 53 | 51 | 49 | 465 | 51.67 |
| | 51 | 52 | 48 | | |
| $T_{Bj}$ | 466 | 479 | 451 | $T=1396$ | |
| $\bar{X}_{bj}$ | 51.78 | 53.22 | 50.11 | | $\bar{X}=51.70$ |

（3）计算各项平方和与自由度。

矫正数：
$$C=\frac{T^2}{kmn}=\frac{1396^2}{27}=72178.37$$

总平方和：
$$SS_T=\sum_{i=1}^{k}\sum_{j=1}^{m}\sum_{l=1}^{n}x_{ijl}^2-C=103.63$$

水平组合平方和：
$$SS_{AB}=\frac{1}{n}\sum_{i=1}^{k}\sum_{j=1}^{m}T_{AB}^2-C=72.2967$$

组间平方和 A：
$$SS_A=\frac{1}{mn}\sum T_{Ai}^2-C=20.07$$

组间平方和 B：
$$SS_B=\frac{1}{kn}\sum T_{Bi}^2-C=43.63$$

交互作用平方和：
$$SS_{A\times B}=SS_{AB}-SS_A-SS_B=8.597$$

组内平方和：
$$SS_e=SS_T-SS_{AB}=31.38$$

总自由度：
$$df_T=kmn-1=3\times3\times3-1=26$$

水平组合自由度：
$$df_{AB}=km-1=3\times3-1=8$$

组间自由度 A：
$$df_A=k-1=3-1=2$$

组间自由度 B：
$$df_B=m-1=3-1=2$$

交互作用自由度：
$$df_{A\times B}=df_{AB}-df_A-df_B=8-2-2=4$$

组内自由度：
$$df_e=df_T-df_{AB}=26-8=18$$

（4）列方差分析，如表 3-24 所示，进行 F 检验。

由 $df_{A\times B}=4$，$df_e=18$，查 F 值得：$F_{0.05(4,18)}=2.93$；因为 $F_{A\times B}=1.234<F_{0.05(4,18)}$，则 $P>0.05$，交互作用不显著；故应将交互作用变异与误差变异进行合并，则有：

表 3-24　仔猪增重方差分析（合并误差后）

| 变异来源 | SS | df | MS | F | $F_{0.05}$ | $F_{0.01}$ |
|---|---|---|---|---|---|---|
| 品种 A | 20.07 | 2 | 10.037 | 5.529 * | 3.55 | 5.72 |
| 饲料 B | 43.63 | 2 | 21.815 | 12.019 * | 3.55 | |

（续）

| 变异来源 | $SS$ | $df$ | $MS$ | $F$ | $F_{0.05}$ | $F_{0.01}$ |
|---|---|---|---|---|---|---|
| 交互作用 $A \times B$ | 8.59 | 4 | 2.148 | 1.234 | 2.93 | |
| 误差 $e$ | 31.33 | 18 | 1.741 | | | |
| 合并误差 $E$ | 39.92 | 22 | 1.815 | | | |
| 总和 | 103.63 | 26 | | | | |

根据 $df_A = 2$，$df_B = 2$，$df_E = 22$，查 $F$ 值表得：$F_{0.05(2,22)} = 3.44$；$F_{0.01(2,22)} = 5.72$。

因为 $F_{0.05(2,22)} < F_A < F_{0.01(2,22)}$，故 $0.01 < P < 0.05$，说明不同品种间仔猪的增重差异显著；$F_B > F_{0.01(2,22)}$，即 $P < 0.01$，说明不同饲料对仔猪增重的影响差异极显著。

5. 多重比较

用邓肯法分别对 3 个品种和 3 种饲料的仔猪增重均数进行两两比较，结果表明：$A_1$、$A_2$ 品种的仔猪平均增重差异极显著，其他品种间仔猪平均增重无显著性差异；饲料 $B_2$、$B_3$ 间仔猪的平均增重差异极显著，其他饲料间仔猪的平均增重差异显著。具体解答过程不再赘述。

## 三、Excel 操作

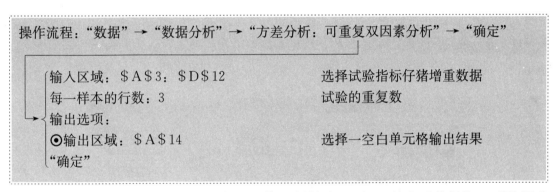

操作流程："数据" → "数据分析" → "方差分析：可重复双因素分析" → "确定"

```
输入区域：$A$3：$D$12              选择试验指标仔猪增重数据
每一样本的行数：3                  试验的重复数
输出选项：
⊙输出区域：$A$14                   选择一空白单元格输出结果
"确定"
```

（1）输入数据（同一处理的重复观测值必须输成 1 列），单击"数据" → "数据分析" → "方差分析：可重复双因素分析"，单击"确定"按钮，如表 3 - 25、图 3 - 20 所示。

表 3 - 25　仔猪增重数据的输入

| 因素 | $B_1$ | $B_2$ | $B_3$ |
|---|---|---|---|
| $A_1$ | 53 | 53 | 52 |
| | 52 | 55 | 51 |
| | 53 | 54 | 52 |
| $A_2$ | 49 | 52 | 48 |
| | 50 | 54 | 49 |
| | 51 | 53 | 50 |

（续）

| 因素 | $B_1$ | $B_2$ | $B_3$ |
|---|---|---|---|
| | 54 | 55 | 52 |
| $A_3$ | 53 | 51 | 49 |
| | 51 | 52 | 48 |

图 3-20  可重复双因素分析程序的选择

（2）"输入区域"选中所有的数据（必须包含 2 个因素的水平标志），"每一样本的行数"框内输入重复数 3，选择一个空白单元格作为输出区域，单击"确定"按钮，如图 3-21 所示。

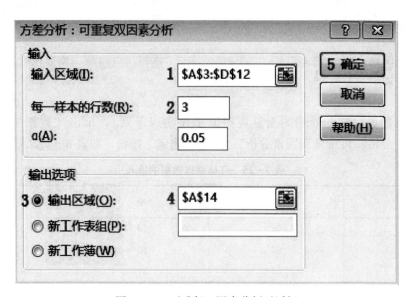

图 3-21  可重复双因素分析对话框

（3）结果输出，如图 3-22 所示。

| 方差分析 差异源 | SS | df | MS | F | P-value | F crit |
|---|---|---|---|---|---|---|
| 样本 | 20.074 | 2 | 10.037 | 5.765957 | 0.01161 | 3.554557 |
| 列 | 43.63 | 2 | 21.815 | 12.53191 | 0.000389 | 3.554557 |
| 交互 | 8.5926 | 4 | 2.1481 | 1.234043 | 0.331632 | 2.927744 |
| 内部 | 31.333 | 18 | 1.7407 | | | |
| | | | | | | |
| 总计 | 103.63 | 26 | | | | |

图 3-22 方差分析结果

（4）结果判定。"样本"代表横向输入数据的因素（品种 $A$），"列"代表纵向输入数据的因素（饲料 $B$），"交互"是指两个因素的交互作用。

首先看交互作用的 P-value（$P$ 值），若 $P>0.05$，说明交互作用不显著，可将两个因素看成两个彼此独立的试验条件。然后分别查看两个因素的 P-value（$P$ 值），若两个因素 $P\leqslant0.05$（或 0.01），说明差异显著或极显著，必须进行两两比较选出最优水平；若两个因素的 P-value（$P$ 值）$>0.05$，说明差异不显著，无须进行两两比较。

若交互作用的 P-value（$P$ 值）$\leqslant0.05$，交互作用显著，说明两个因素之间存在相互影响。此时不能进行两两比较，分别选择两个因素的最优水平，此时可直接进行各水平组合（处理）平均数的多重比较，从而选出最优的水平组合。

【解答】本题交互作用 $P$（0.332）$>0.05$，交互作用不显著；品种的 $P$（0.012）$<0.05$，品种间增重效果差异显著；饲料的 $P$（0.0004）$<0.01$，饲料间增重效果差异极显著；两个因素都需要进行两两比较。

## 四、SPSS 操作

输入数据（在数据视图下将所有数据输入到 1 列），在变量视图下修改变量名为"增重"，增加两个分组变量（品种、饲料），在对应的值标签对话框中定义种类，全部添加完成后单击"确定"按钮，回到数据视图输入分组变量的数据，如图 3-23 所示。

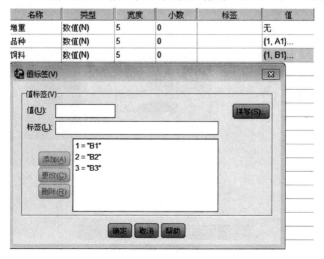

图 3-23 仔猪增重数据的输入

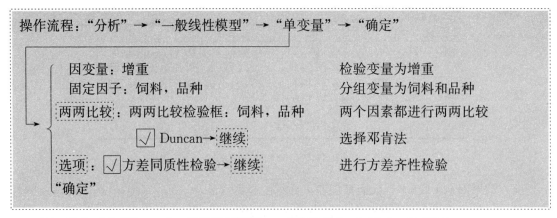

操作流程："分析"→"一般线性模型"→"单变量"→"确定"

因变量：增重　　　　　　　　　　　　检验变量为增重

固定因子：饲料，品种　　　　　　　　分组变量为饲料和品种

两两比较：两两比较检验框：饲料，品种　　两个因素都进行两两比较

　　　　　☑ Duncan→继续　　　　　　选择邓肯法

选项：☑ 方差同质性检验→继续　　　　进行方差齐性检验

"确定"

（1）单击"分析"→"一般线性模型"→"单变量"，如图 3 - 24 所示。

图 3 - 24　单变量程序的选择

（2）将试验指标"增重"从左侧备选变量框选到右侧的"因变量"框，将分组变量（两个因子"品种"和"饲料"）从左侧备选变量框选到右侧的"固定因子"框，如图 3 - 25 所示。

图 3 - 25　"单变量"对话框

（3）单击"两两比较"按钮，将有显著性差异的因子从左侧"因子"框选到右侧"两两比较检验"框，选择邓肯法进行两两比较，单击"继续"按钮，如图3-26所示。

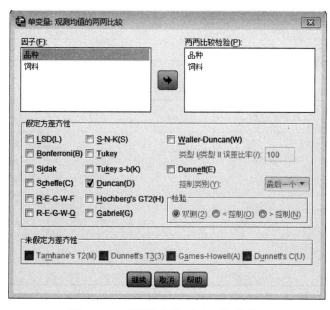

图3-26　观测均值的两两比较对话框

（4）单击"选项"按钮，勾选"方差齐性检验"复选框，单击"继续"，再单击"确定"按钮，如图3-27所示。

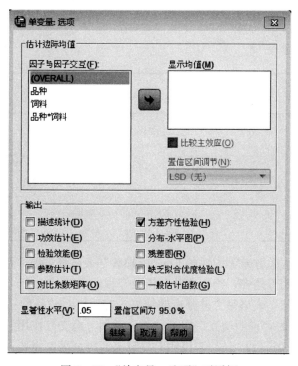

图3-27　"单变量：选项"对话框

（5）结果输出，如表 3-26 至表 3-29 所示。

**表 3-26　误差方差等同性的 Levene 检验**

| $F$ | $df_1$ | $df_2$ | Sig. |
|---|---|---|---|
| 1.562 | 8 | 18 | 0.205 |

**表 3-27　主体间效应的检验**

| 源 | Ⅲ型平方和 | $df$ | 均方 | $F$ | Sig. |
|---|---|---|---|---|---|
| 校正模型 | 72.296[a] | 8 | 9.037 | 5.191 | 0.002 |
| 截距 | 72178.370 | 1 | 72178.370 | 41464.170 | 0.000 |
| 品种 | 20.074 | 2 | 10.037 | 5.766 | 0.012 |
| 饲料 | 43.630 | 2 | 21.815 | 12.532 | 0.000 |
| 品种*饲料 | 8.593 | 4 | 2.148 | 1.234 | 0.332 |
| 误差 | 31.333 | 18 | 1.741 | | |
| 总计 | 72282.000 | 27 | | | |
| 校正的总计 | 103.630 | 26 | | | |

**表 3-28　增重（品种）**

| 品种 | $N$ | 子集 | |
|---|---|---|---|
| | | 1 | 2 |
| $A_2$ | 9 | 50.67 | |
| $A_3$ | 9 | 51.67 | 51.67 |
| $A_1$ | 9 | | 52.78 |
| Sig. | | 0.125 | 0.091 |

**表 3-29　增重（饲料）**

| 饲料 | $N$ | 子集 | | |
|---|---|---|---|---|
| | | 1 | 2 | 3 |
| $B_3$ | 9 | 50.11 | | |
| $B_1$ | 9 | | 51.78 | |
| $B_2$ | 9 | | | 53.22 |
| Sig. | | 1.000 | 1.000 | 1.000 |

（6）结果判定。"误差方差等同性的 Levene 检验"表格是方差齐性检验的结果，其 Sig. 值（$P$ 值）＞0.05，说明方差齐，符合方差分析及邓肯法（两两比较）的要求。

"主体间效应的检验"表格是方差分析的结果，首先要看"品种*饲料"（交互作用）的 Sig. 值（$P$ 值）＞0.05 时，说明交互作用不显著，不用考虑交互作用。再分别查看其他两个因素的 Sig. 值，$P \leq 0.05$（或 0.01），说明差异显著或极显著，需要进行两两比较；若因素的 $P$＞0.05，说明差异不显著，无须进行两两比较。

"增重（品种、饲料）"表格分别是两个因素各水平间两两比较（邓肯法）的结果，其按照均数从小到大排列，同一列中的处理差异不显著，不同列的处理差异（极）显著，按照题干的要求可选择因素的最佳水平。

若交互作用的 Sig. 值（P 值）≤0.05，说明交互作用显著，则必须直接进行各水平组合均数的比较，从而选出最优的水平组合。

**【解答】**本题交互作用的 $P$（0.332）＞0.05，交互作用不显著；品种的 $P$（0.012）＜0.05，说明品种间增重效果差异显著；饲料的 $P<0.01$，说明饲料间增重效果差异极显著；经过两两比较，品种选择 $A_1$ 或 $A_3$、饲料选择 $B_2$ 的养殖效果最好。

## 五、上机习题

1. 为了从 3 种不同原料（$A$）和 3 种不同温度（$B$）中选择使酒精产量（g）最高的水平组合，设计了两因素试验，每一水平组合重复 4 次，结果如表 3-30 所示，试进行方差分析（$F_{A\times B}=2.286$，$P_{A\times B}=0.086$；$F_A=14.156$，$P_A=6.24\times10^{-5}$；$F_B=26.885$，$P_B=3.76\times10^{-7}$）。

表 3-30 测量结果           单位：g

| 原料 | 温度 | | | | | | | | | | | |
| --- | --- | --- | --- | --- | --- | --- | --- | --- | --- | --- | --- | --- |
| | $B_1$ | | | | $B_2$ | | | | $B_3$ | | | |
| $A_1$ | 41 | 49 | 23 | 25 | 11 | 12 | 25 | 24 | 6 | 22 | 26 | 11 |
| $A_2$ | 47 | 59 | 50 | 40 | 43 | 38 | 33 | 36 | 8 | 22 | 18 | 14 |
| $A_3$ | 48 | 35 | 53 | 59 | 55 | 38 | 47 | 44 | 30 | 33 | 26 | 19 |

2. 选用 3 种饲料和 3 个品种的猪进行育肥试验，试验猪的增重（kg）如表 3-31 所示，试检验不同饲料和品种在增重上有无差异，哪种饲料与品种的增重效果最好（$F_{A\times B}=2.151$，$P_{A\times B}=0.156$；$F_A=58.513$，$P_A=6.95\times10^{-6}$；$F_B=15.398$，$P_B=0.001$）？

表 3-31 试验猪增重数据

单位：kg

| 饲料 | 品种 | | | | | |
| --- | --- | --- | --- | --- | --- | --- |
| | $B_1$ | | $B_2$ | | $B_3$ | |
| $A_1$ | 42.6 | 38.9 | 36.2 | 37.8 | 43.4 | 41.0 |
| $A_2$ | 54.5 | 50.5 | 49.8 | 51.5 | 58.6 | 56.0 |
| $A_3$ | 41.6 | 42.8 | 47.6 | 41.8 | 52.8 | 51.6 |

### »»» 子任务三　互作显著的双因素方差分析 «««

## 一、例题解析

**【例 3-4】**为研究饲料中钙（$A$）、磷（$B$）含量对仔猪生长发育的影响，将其分别分为 4 个水平进行交叉分组试验。先用品种、性别、日龄相同，初

交互作用显著的双因素方差分析

始体重基本一致的仔猪 48 头，随机分成 16 组，每组 3 头，用能量、蛋白质含量相同的饲料在不同钙磷用量搭配下各喂一组猪，经过 2 个月试验，仔猪增重（kg）结果如表 3 - 32 所示，试分析钙磷含量对仔猪生长发育的影响。

表 3 - 32　仔猪增重资料

单位：kg

| 因素 | $B_1$ (0.8) | $B_2$ (0.6) | $B_3$ (0.4) | $B_4$ (0.2) |
|---|---|---|---|---|
| $A_1$ (1.0) | 22.0 | 30.0 | 32.4 | 30.5 |
|  | 26.5 | 27.5 | 26.5 | 27.0 |
|  | 24.4 | 26.0 | 27.0 | 25.1 |
| $A_2$ (0.8) | 23.5 | 33.2 | 38.0 | 26.5 |
|  | 25.8 | 28.5 | 35.5 | 24.0 |
|  | 27.0 | 30.1 | 33.0 | 25.0 |
| $A_3$ (0.6) | 30.5 | 36.5 | 28.0 | 20.5 |
|  | 26.8 | 34.0 | 30.5 | 22.5 |
|  | 25.5 | 33.5 | 24.6 | 19.5 |
| $A_4$ (0.4) | 34.5 | 29.0 | 27.5 | 18.5 |
|  | 31.4 | 27.5 | 26.3 | 20.0 |
|  | 29.3 | 28.0 | 28.5 | 19.0 |

【解析】本题为多个样本均数的比较，选用方差分析；有钙、磷含量两个试验因素，且同一水平组合进行了 3 次试验（重复了 3 次），所以属于可重复双因素方差分析。

## 二、Excel 操作

（1）可重复双因素方差分析。可重复双因素分析的具体操作过程此处不再叙述，方差分析的结果如图 3 - 28 所示。

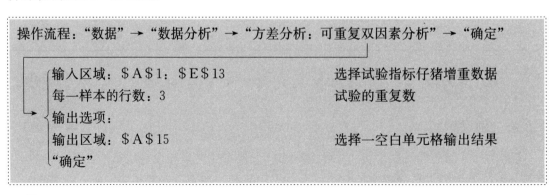

操作流程："数据" → "数据分析" → "方差分析：可重复双因素分析" → "确定"

输入区域：$A$1：$E$13　　　　　选择试验指标仔猪增重数据
每一样本的行数：3　　　　　　　试验的重复数
输出选项：
输出区域：$A$15　　　　　　　选择一空白单元格输出结果
"确定"

| 方差分析差异源 | SS | df | MS | F | P-value | F crit |
|---|---|---|---|---|---|---|
| 样本 | 44.51063 | 3 | 14.83688 | 3.22074 | 0.035576 | 2.90112 |
| 列 | 383.7356 | 3 | 127.9119 | 27.76669 | 4.92E-09 | 2.90112 |
| 交互 | 406.6585 | 9 | 45.18428 | 9.808455 | 5.11E-07 | 2.188766 |
| 内部 | 147.4133 | 32 | 4.606667 | | | |
| | | | | | | |
| 总计 | 982.3181 | 47 | | | | |

图 3-28　可重复双因素分析结果

首先看"交互"的"P‑value"（$P$ 值），5.11E‑07 是科学计数法，即 $P$ 值为 $5.11 \times 10^{-7}$。$P < 0.01$，说明交互作用极显著，两个因素之间存在相互影响，钙和磷不能看成两个独立的试验条件，需要进行钙、磷含量水平组合的均数比较。

将仔猪增重的资料按钙、磷含量水平组合的形式整理如表 3-33 所示。

表 3-33　仔猪增重的资料（水平组合）

单位：kg

| 水平组合 | 仔猪增重 | | |
|---|---|---|---|
| $A_1B_1$ | 22.0 | 26.5 | 24.4 |
| $A_2B_1$ | 23.5 | 25.8 | 27.0 |
| $A_3B_1$ | 30.5 | 26.8 | 25.5 |
| $A_4B_1$ | 34.5 | 31.4 | 29.3 |
| $A_1B_2$ | 30.0 | 27.5 | 26.0 |
| $A_2B_2$ | 33.2 | 28.5 | 30.1 |
| $A_3B_2$ | 36.5 | 34.0 | 33.5 |
| $A_4B_2$ | 29.0 | 27.5 | 28.0 |
| $A_1B_3$ | 32.4 | 26.5 | 27.0 |
| $A_2B_3$ | 38.0 | 35.5 | 33.0 |
| $A_3B_3$ | 28.0 | 30.5 | 24.6 |
| $A_4B_3$ | 27.5 | 26.3 | 28.5 |
| $A_1B_4$ | 30.5 | 27.0 | 25.1 |
| $A_2B_4$ | 26.5 | 24.0 | 25.0 |
| $A_3B_4$ | 20.5 | 22.5 | 19.5 |
| $A_4B_4$ | 18.5 | 20.0 | 19.0 |

（2）单因素方差分析。

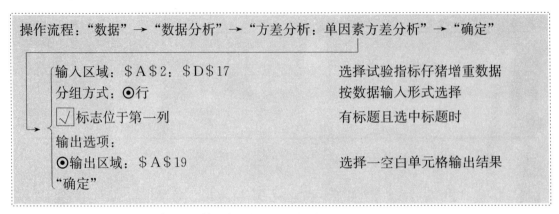

操作流程："数据"→"数据分析"→"方差分析：单因素方差分析"→"确定"

| | | |
|---|---|---|
| 输入区域：$A$2：$D$17 | 选择试验指标仔猪增重数据 |
| 分组方式：⊙行 | 按数据输入形式选择 |
| ☑ 标志位于第一列 | 有标题且选中标题时 |
| 输出选项： | |
| ⊙输出区域：$A$19 | 选择一空白单元格输出结果 |
| "确定" | |

分析的过程此处不再叙述，结果如图3-29所示。

| 方差分析差异源 | SS | df | MS | F | P-value | F crit |
|---|---|---|---|---|---|---|
| 组间 | 834.9048 | 15 | 55.66032 | 12.08256 | 3.37E-09 | 1.99199 |
| 组内 | 147.4133 | 32 | 4.606667 | | | |
| | | | | | | |
| 总计 | 982.3181 | 47 | | | | |

图3-29 单因素方差分析结果

【解答】单因素方差分析的 $P$（$3.37 \times 10^{-9}$）$< 0.01$，差异极显著，说明不同水平组合的仔猪增重效果差异极显著，需要进行两两比较。

## 三、SPSS 操作

输入数据（在数据视图下将所有数据输入到1列），在变量视图下修改变量名为"仔猪增重"，增加两个分组变量（钙、磷），在对应的值标签对话框中定义种类，全部添加完成后单击"确定"按钮，回到数据视图输入分组变量的数据，如图3-30所示。

| 仔猪增重 | 钙 | 磷 |
|---|---|---|
| 22.00 | A1 | B1 |
| 26.50 | A1 | B1 |
| 24.40 | A1 | B1 |
| 23.50 | A2 | B1 |
| 25.80 | A2 | B1 |

图3-30 仔猪增重数据的输入

操作流程："分析"→"一般线性模型"→"单变量"→"确定"

| | |
|---|---|
| 因变量：仔猪增重 | 检验变量为仔猪增重 |
| 固定因子：钙，磷 | 分组变量为钙和磷 |
| "确定" | |

（1）单击"分析"→"一般线性模型"→"单变量"。

（2）将试验指标"仔猪增重"从左侧备选变量框选到右侧的"因变量"框，将分组变量（两个因子"钙"和"磷"）从左侧备选变量框选到右侧的"固定因子"框，单击"确定"按钮，如图 3-31 所示。

图 3-31 "单变量"对话框

（3）结果输出（表 3-34）。

表 3-34 主体间效应的检验

| 源 | Ⅲ型平方和 | $df$ | 均方 | $F$ | Sig. |
|---|---|---|---|---|---|
| 校正模型 | 834.905[a] | 15 | 55.660 | 12.083 | 0.000 |
|  | 36680.492 | 1 | 36680.492 | 7962.480 | 0.000 |
| 钙 | 44.511 | 3 | 14.837 | 3.221 | 0.036 |
| 磷 | 383.736 | 3 | 127.912 | 27.767 | 0.000 |
| 钙 * 磷 | 406.659 | 9 | 45.184 | 9.808 | 0.000 |
| 误差 | 147.413 | 32 | 4.607 |  |  |
| 总计 | 37662.810 | 48 |  |  |  |
| 校正的总计 | 982.318 | 47 |  |  |  |

（4）结果判定。"主体间效应的检验"表格是方差分析的结果，首先要看"钙*磷"（交互作用）的 Sig. 值（$P$ 值）$<0.05$，说明交互作用显著。此时主效应的显著性在实用意义上并不重要，所以一般不必进行两个因素主效应的显著性检验，而是直接进行各水平组合平均数的多重比较，从而选出最优水平组合。

（5）水平组合。将钙、磷两个试验因素按水平组合在一起（$4 \times 4 = 16$ 个组合），在变量视图中增加"水平组合"分组变量，在值标签对话框定义组合：$1 = A_1B_1$、$2 = A_2B_1$、$3 = A_3B_1$、$4 = A_4B_1$、$5 = A_1B_2$、…、$16 = A_4B_4$；定义完成后回到数据视图输入分组变量的数据，如图 3－32 所示。

| 仔猪增重 | 钙 | 磷 | 水平组合 |
|---|---|---|---|
| 22.00 | A1 | B1 | A1B1 |
| 26.50 | A1 | B1 | A1B1 |
| 24.40 | A1 | B1 | A1B1 |
| 23.50 | A2 | B1 | A2B1 |
| 25.80 | A2 | B1 | A2B1 |
| 27.00 | A2 | B1 | A2B1 |

图 3－32 仔猪增重数据的输入（水平组合）

（6）单因素方差分析。

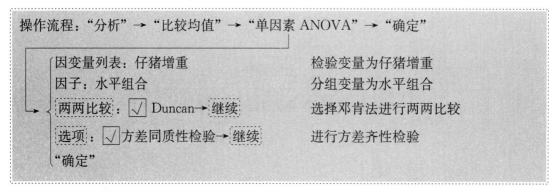

操作流程："分析"→"比较均值"→"单因素 ANOVA"→"确定"

因变量列表：仔猪增重      检验变量为仔猪增重
因子：水平组合      分组变量为水平组合
两两比较：☑ Duncan→继续      选择邓肯法进行两两比较
选项：☑ 方差同质性检验→继续      进行方差齐性检验
"确定"

（7）单击"分析"→"比较均值"→"单因素 ANOVA"（单因素方差分析）。

（8）将待检测的变量"仔猪增重"从左侧备选框选到右侧的"因变量列表"框，将分组变量"水平组合"选到右侧的"因子"框，单击"两两比较"按钮，勾选"Duncan"复选框，单击"继续"按钮，再单击"选项"按钮，勾选"方差同质性检验"复选框，单击"继续"，再单击"确定"按钮，如图 3－33 所示。

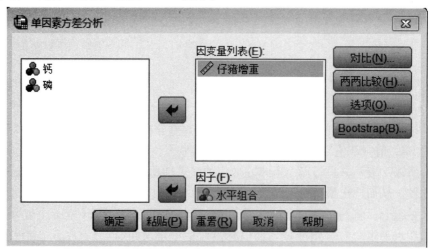

图 3－33 "单因素方差分析"对话框

（9）结果输出如表 3-35 至表 3-37 所示。

**表 3-35　方差齐性检验**

| Levene 统计量 | $df_1$ | $df_2$ | 显著性 |
|---|---|---|---|
| 0.957 | 15 | 32 | 0.518 |

**表 3-36　ANOVA（方差分析）**

| 差异源 | 平方和 | $df$ | 均方 | $F$ | 显著性 |
|---|---|---|---|---|---|
| 组间 | 834.905 | 15 | 55.660 | 12.083 | 0.000 |
| 组内 | 147.413 | 32 | 4.607 | | |
| 总数 | 982.318 | 47 | | | |

**表 3-37　仔猪增重（Duncan[a]）**

| 水平组合 | N | $\alpha=0.05$ 的子集 | | | | | | | |
|---|---|---|---|---|---|---|---|---|---|
| | | 1 | 2 | 3 | 4 | 5 | 6 | 7 | 8 |
| $A_4A_4$ | 3 | 19.1667 | | | | | | | |
| $A_3B_4$ | 3 | 20.8333 | 20.8333 | | | | | | |
| $A_1B_1$ | 3 | | 24.3000 | 24.3000 | | | | | |
| $A_2B_4$ | 3 | | | 25.1667 | 25.1667 | | | | |
| $A_2B_1$ | 3 | | | 25.4333 | 25.4333 | | | | |
| $A_4B_3$ | 3 | | | 27.4333 | 27.4333 | 27.4333 | | | |
| $A_1B_4$ | 3 | | | 27.5333 | 27.5333 | 27.5333 | | | |
| $A_3B_1$ | 3 | | | 27.6000 | 27.6000 | 27.6000 | | | |
| $A_3B_3$ | 3 | | | 27.7000 | 27.7000 | 27.7000 | | | |
| $A_1B_2$ | 3 | | | 27.8333 | 27.8333 | 27.8333 | 27.8333 | | |
| $A_4B_2$ | 3 | | | 28.1667 | 28.1667 | 28.1667 | 28.1667 | | |
| $A_1B_3$ | 3 | | | | 28.6333 | 28.6333 | 28.6333 | | |
| $A_2B_2$ | 3 | | | | | 30.6000 | 30.6000 | | |
| $A_4B_1$ | 3 | | | | | | 31.7333 | 31.7333 | |
| $A_3B_2$ | 3 | | | | | | | 34.6667 | 34.6667 |
| $A_2B_3$ | 3 | | | | | | | | 35.5000 |
| 显著性 | | 0.349 | 0.057 | 0.067 | 0.100 | 0.129 | 0.053 | 0.104 | 0.638 |

（10）结果判定。本题方差齐性检验的 Sig. 值（$P$ 值）（0.518）$>0.05$，说明方差齐；方差分析的 Sig. 值（$P$ 值）$<0.01$，说明不同水平组合之间仔猪增重有极显著的差异；采用邓肯法两两比较的结果显示，选用水平组合 $A_2B_3$（钙 0.8 磷 0.4）或 $A_3B_2$（钙 0.6 磷 0.6）饲养仔猪的增重效果最好。

## 四、上机习题

1. 为研究饲料中蛋白质及能量配比对仔猪生长的影响，将蛋白质设高、低两个水平（$A_1$、$A_2$），能量设高、中、低3个水平（$B_1$、$B_2$、$B_3$）进行交叉分组配成6种饲料。选取品种、性别、日龄相同，体重相近的仔猪24头，随机分为6个试验组，每组4头，每个试验组分别饲喂组配的6种饲料，每头仔猪单圈喂饲。试验结束，仔猪增重（kg）数据见表3-38，试做方差分析（$F_{A\times B}=7.196$，$P_{A\times B}=0.005$；$F=11.728$，$P=3.76\times10^{-5}$）。

表3-38 仔猪增重数据

单位：kg

| 因素 | $B_1$ | | | | $B_2$ | | | | $B_3$ | | | |
|---|---|---|---|---|---|---|---|---|---|---|---|---|
| $A_1$ | 34.2 | 35.7 | 33.8 | 40.3 | 28.5 | 32.4 | 25.2 | 31.3 | 18.9 | 24.8 | 20.6 | 21.2 |
| $A_2$ | 27.6 | 33.2 | 31.6 | 34.7 | 28.2 | 16.9 | 23.4 | 20.9 | 28.3 | 22.2 | 26.9 | 27.8 |

# 卡 方 检 验

频数资料又称次数资料，其在理论上呈现的是间断的、不连续的二项分布或多项分布，统计分析主要是采用卡方（$\chi^2$）检验方法，包括适合性检验和独立性检验。

卡方检验

**1. 卡方公式**

假设某分类资料的实际观测频数为 $O$，根据假设推算的理论频数为 $E$，则检验统计量为：

$$\chi^2 = \sum \frac{(O-E)^2}{E} \qquad (4-1)$$

$\chi^2$ 值是度量实际观测频数与理论频数偏离程度的一个统计量。$\chi^2$ 值越小，表明实际观测频数与理论频数越接近；$\chi^2$ 值越大，表明实际观测频数与理论频数相差越大。

**2. 卡方分布**

$\chi^2$ 分布是一组由不同自由度确定的偏态分布曲线，如图 $4-1$ 所示，其主要特点有：

（1）$\chi^2$ 分布为连续性分布，没有负值，为正偏态分布。

（2）$\chi^2$ 分布的偏态随自由度 $df$ 的增大而减小，当 $df=1$ 时，曲线以纵轴为渐近线；当 $df \geqslant 30$ 时，$\chi^2$ 分布近似于正态分布。

（3）每一个自由度都有一条相应的 $\chi^2$ 分布曲线，因而 $\chi^2$ 分布是一组曲线。

（4）$\chi^2$ 值具有可加性。

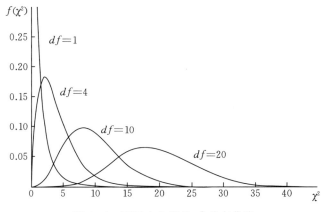

图 $4-1$　不同自由度的 $\chi^2$ 分布曲线

**3. 连续性矫正**

$\chi^2$ 分布是连续性分布，而频数资料是不连续性变量资料。$\chi^2$ 检验的结果仅是理论分布的一个近似值，$\chi^2$ 值有偏大的趋势，特别是自由度为 1 时偏差较大。因此在实践中需要进行适当的矫正，以适合 $\chi^2$ 的连续性分布，这种矫正称为连续性矫正，矫正后的卡方值用 $\chi_c^2$ 表示，计算公式为：

$$\chi_c^2 = \sum \frac{(|O-E|-0.5)^2}{E} \tag{4-2}$$

当自由度 $df>1$ 且理论频数 $E \geqslant 5$ 时不需要进行连续矫正；对于自由度 $df>1$，但理论频数 $E<5$ 的资料，可以将邻近组合并计算，直至理论频数大于 5 为止。

## 任务一　适合性检验

适合性检验是比较实际观测值与理论值是否符合的假设检验。适合性检验通常包括两种情况：一种是检验某一因子各属性类别的实际观测频数和理论频数是否相符；另一种是检验实际属性类别比例是否符合已知的某种理论或学说。

适合性检验的理论频数是根据某种已知理论或自然规律推算出的期望值，其自由度为属性类别数（$n$）减去 1，即 $df=n-1$。

### >>> 子任务一　两组频数资料的适合性检验 <<<

**一、例题解析**

【例 4-1】某猪场现有 102 头仔猪，其中公仔猪 61 头，母仔猪 41 头，试检验该猪场仔猪性别的实际比例是否符合 1∶1 的理论比例。

【解析】本题分析的是仔猪性别比是否符合 1∶1 的理论比例，属于适合性检验；性别（因子）只有公母两种属性类别，所以自由度 $df=2-1=1$，故而本题是自由度等于 1 的适合性检验。

（两组频数资料的适合检验，自由度=1）

解题步骤如下：

（1）提出假设。

无效假设 $H_0$：实际观察的仔猪公母比例符合 1∶1 的性别比例。

备择假设 $H_A$：实际观察的仔猪公母比例不符合 1∶1 的性别比例。

（2）计算理论频数。根据理论比例 1∶1 求理论频数。

公猪的理论频数：$E_1=102 \times 1/2=51$

母猪的理论频数：$E_2=102 \times 1/2=51$

（3）计算矫正的卡方值（表 4-1）。

$$\chi_c^2 = \sum \frac{(|O-E|-0.5)^2}{E} = 3.5392$$

表 4-1 $\chi_c^2$ 值计算

| 性别 | $O$ | $E$ | $O-E$ | $\chi_c^2$ |
|---|---|---|---|---|
| 公 | 61 | 51 | $-10$ | 1.7696 |
| 母 | 41 | 51 | $+10$ | 1.7696 |
| 合计 | 102 | 102 | 0 | 3.5392 |

（4）统计推断。自由度 $df=2-1=1$，查卡方值表得 $\chi_{0.05(1)}^2=3.841$。

连续矫正的卡方值 $\chi_c^2=3.5392<\chi_{0.05(1)}^2$，故 $P>0.05$，接受 $H_0$，表明仔猪的实际观察频数与理论频数差异不显著，可以认为仔猪的性别比符合 1：1 的理论比例。

若采用未矫正的卡方值 $\chi^2=3.9216>\chi_{0.05(1)}^2$，则 $P<0.05$，拒绝 $H_0$，说明当 $df=1$ 时需要进行连续性矫正。

## 二、Excel 操作

操作流程：
（1）计算理论频数 $E$      按已知理论或自然规律推算
（2）矫正公式计算各项的卡方值      矫正公式 ［ABS（O－E）－0.5］^2/E
（3）SUM 函数求和      得到矫正的卡方值
（4）CHIDIST 函数      返回本题的 $P$ 值
     X：E3      选择矫正的卡方值
     Deg_freedom：1      自由度 $df=2-1=1$
（5）结果判定

（1）输入数据，计算理论频数 $E$，用矫正的卡方公式 ［ABS（O－E）－0.5］^2/E 计算各属性类别的卡方值，将各项卡方值求和（SUM 函数）得 $\chi_c^2$ 值，如图 4-2 所示。

| 性别 | O | E | (\|O-E\|-0.5)^2/E | 矫正公式 |
|---|---|---|---|---|
| 公 | 61 | 51 | 1.769607843 | 卡方值 |
| 母 | 41 | 51 | 1.769607843 | 3.539215686 |
| 总和 | 102 | 102 | ABS函数 | $\chi_c^2$ |

图 4-2 连续矫正卡方值的计算

（2）调用"CHIDIST"函数返回 $P$ 值，在"函数参数"对话框的 X 框中选择矫正的卡方值单元格（E3），在 Deg_freedom 框输入自由：1，单击"确定"按钮，如图 4-3 所示。

（3）统计分析的结果如图 4-4 所示。

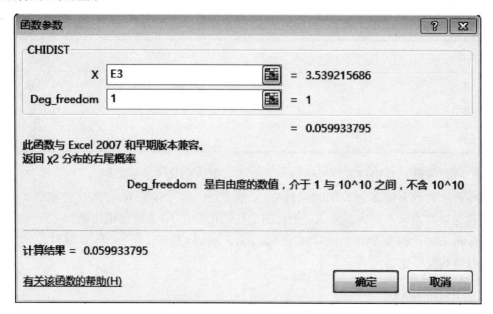

图 4-3 CHIDIST 函数对话框

| | A | B | C | D | E | F |
|---|---|---|---|---|---|---|
| 1 | 性别 | O | E | (│O-E│-0.5)^2/E | 矫正公式 | |
| 2 | 公 | 61 | 51 | 1.769607843 | 卡方值 | P值 |
| 3 | 母 | 41 | 51 | 1.769607843 | 3.539215686 | 0.059933795 |
| 4 | 总和 | 102 | 102 | ABS函数 | $\chi_c^2$ | CHIDIST函数 |

图 4-4 适合性检验的结果

（4）结果判定。若 CHIDIST 函数返还的 $P \leq 0.05$ 或 $0.01$，则 $O$ 和 $E$ 差异显著或极显著，观测值不符合理论比例；若 $P > 0.05$，则 $O$ 和 $E$ 差异不显著，观测值符合理论比例。

【解答】本题 $P$（0.0599）$>0.05$，仔猪性别的实际观察频数 $O$ 与理论频数 $E$ 差异不显著，可以认为仔猪性别比符合 1：1 的理论比例。

### 三、SPSS 操作

输入数据，在变量视图下修改变量名为"仔猪数"，增加一个分组变量"性别"，在对应的"值标签"对话框中定义种类（1＝公猪；2＝母猪），全部添加完成后单击"确定"按钮，回到数据视图输入分组变量的数据，如图 4-5 所示。

| | 仔猪数 | 性别 |
|---|---|---|
| 1 | 61.00 | 公猪 |
| 2 | 41.00 | 母猪 |

图 4-5 仔猪性别数据录入

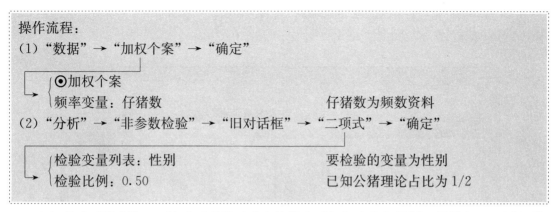

操作流程：
(1)"数据"→"加权个案"→"确定"

⊙加权个案
频率变量：仔猪数　　　　　　　　　　　仔猪数为频数资料
(2)"分析"→"非参数检验"→"旧对话框"→"二项式"→"确定"

检验变量列表：性别　　　　　　　　　　要检验的变量为性别
检验比例：0.50　　　　　　　　　　　　已知公猪理论占比为1/2

　　（1）单击"数据"→"加权个案"（或直接单击"加权个案"快捷工具按钮），选择"加权个案"单选项，将频数资料"仔猪数"选入到"频率变量"框，单击"确定"按钮，如图4-6所示。

图4-6　"加权个案"对话框

　　（2）回到数据视图，单击"分析"→"非参数检验"→"旧对话框"→"二项式"命令，如图4-7所示。

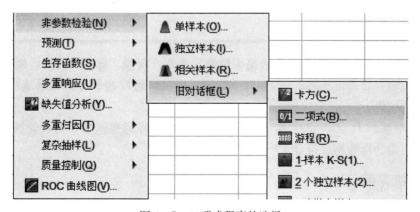

图4-7　二项式程序的选择

（3）将分组变量"性别"从左侧备选框选到右侧"检验变量列表"框，"检验比例"框输入已知的比例（0.50），单击"确定"按钮，如图4-8所示。

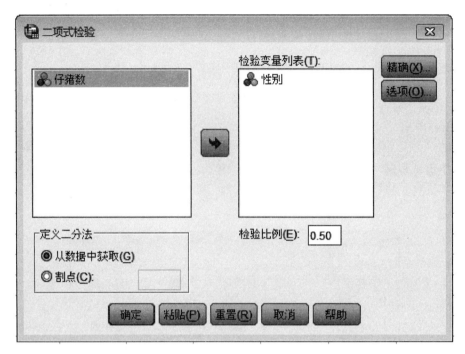

图4-8 "二项式检验"对话框

本题的理论比例为1:1，故因子的第一属性类别（公猪）理论上应占1/2，检验比例就是0.50。

（4）结果输出如表4-2所示。

表4-2 二项式检验

| 组别 | 性别 | N | 观察比例 | 检验比例 | 精确显著性（双侧） |
|------|------|------|----------|----------|----------------------|
| 组1 | 公 | 61 | 0.60 | 0.50 | 0.059 |
| 组2 | 母 | 41 | 0.40 | | |
| 总数 | | 102 | 1.00 | | |

（5）结果判定。"二项式检验"表格中精确显著性（双侧）即$P>0.05$，则$O$和$E$差异不显著，观测值符合理论比例；若$P\leq0.05$（或0.01），则$O$和$E$差异显著或极显著，观测值不符合理论比例。

【解答】本题的$P$（0.059）$>0.05$，则仔猪性别的实际观察频数$O$与理论频数$E$差异不显著，可以认为公母性别比符合1:1的理论比例。

## 四、上机习题

1. 某奶牛场采取某种性别控制措施来提高母牛产母犊的概率，在使用此方法后所产的

40 头犊牛中，有 25 头为母犊，问该措施是否有效（$\chi^2=2.025$，$P=0.155$）？

2. 在进行山羊群体遗传检测时，观察了 260 只白色羊与黑色羊杂交的子二代毛色，其中 186 只为白色，74 只为黑色，问此毛色的比率是否符合分离定律 3∶1 的比例（$\chi^2=1.482$，$P=0.223$）？

### 》》 子任务二　两组以上频数资料的适合性检验 《《《

## 一、例题解析

【例 4-2】两对相对性状杂交子二代（$F_2$ 代）四种表现型 A_B_、A_bb、aaB_、aabb 的观察频数分别为 362、124、113、33，总计 632，试分析这两对相对性状的遗传是否符合自由组合定律的 9∶3∶3∶1 的比例。

两组以上频数资料的适合检验（自由度＞1）

【解析】本题检验 $F_2$ 代表型分离比是否符合 9∶3∶3∶1 的比例，属于适合性检验；$F_2$ 代的表现型（因子）有 4 种（A_B_、A_bb、aaB_、aabb），自由度 $df=4-1=3$，所以本题是自由度大于 1 的适合性检验。

解题步骤如下：

（1）提出假设。无效假设 $H_0$：实际观察的 $F_2$ 代表型分离比符合 9∶3∶3∶1 的比例。

备择假设 $H_A$：实际观察的 $F_2$ 代表型分离比不符合 9∶3∶3∶1 的比例。

（2）计算理论频数。根据理论比例 9∶3∶3∶1 求理论频数。

A_B_ 表现型的理论频数：$E_1=632\times9/16=355.5$

A_bb 表现型的理论频数：$E_2=632\times3/16=118.5$

aaB_ 表现型的理论频数：$E_3=632\times3/16=118.5$

aabb 表现型的理论频数：$E_4=632\times1/16=39.5$

（3）计算统计量（表 4-3）。

$$\chi^2=\sum\frac{(O-E)^2}{E}=1.6990$$

表 4-3　卡方值计算

| 表现型 | $O$ | $E$ | $O-E$ | 卡方值 |
| --- | --- | --- | --- | --- |
| A_B_ | 362 | 355.5 | +6.5 | 0.1188 |
| A_bb | 124 | 118.5 | +5.5 | 0.2553 |
| aaB_ | 113 | 118.5 | −5.5 | 0.2553 |
| aabb | 33 | 39.5 | −6.5 | 1.0696 |
| 总和 | 632 | 632 | 0 | 1.6990 |

（4）统计推断。自由度 $df=4-1=3$，查卡方值表得 $\chi^2_{0.05(3)}=7.815$。

因 $\chi^2=1.6990<\chi^2_{0.05(3)}$，故 $P>0.05$，接受 $H_0$，表明 $F_2$ 代四种表现型实际观察频数 $O$ 与理论频数 $E$ 差异不显著，这两对相对性状的遗传符合自由组合定律的 9∶3∶3∶1 的比例。

## 二、Excel 操作

操作流程：
(1) 计算理论频数 $E$
(2) CHITEST 函数　　　　　　　　　返还本题的 $P$ 值
　　Actual _ range：B2:B5　　　　　观测值 $O$ 的区域
　　Expected _ range：C2:C5　　　　理论值 $E$ 的区域
(3) CHIINV 函数　　　　　　　　　　返回本题卡方值
　　Probability：D2　　　　　　　选择 CHITEST 函数返还的概率值
　　Deg _ freedom：3　　　　　　　自由度 $df=4-1=3$
(4) 结果判定

(1) 输入数据，计算理论频数 $E$，如图 4-9 所示。

| | A | B | C | D | E |
|---|---|---|---|---|---|
| 1 | 表现型 | $O$ | $E$ | **CHITEST** | **CHIINV** |
| 2 | A_B_ | 362 | 355.5 | | |
| 3 | A_bb | 124 | 118.5 | $P$ 值 | 卡方值 |
| 4 | aaB_ | 113 | 118.5 | | |
| 5 | aabb | 33 | 39.5 | | |
| 6 | 总和 | 632 | 632 | | |

图 4-9　子二代表现型理论频数的计算

(2) 调用"CHITEST"函数返回本题的 $P$ 值，Actual _ range 选择实际观测值 $O$ 的区域 (B2:B5)，Expected _ range 选择理论值 $E$ 的区域 (C2:C5)，单击"确定"按钮，如图 4-10 所示。

图 4-10　CHITEST 函数对话框

（3）调用"CHIINV"函数返回本题的卡方值，在 Probability 框中选择 CHITEST 函数返回值的单元格（D2），在 Deg_freedom 框中输入本题的自由度：3，单击"确定"按钮，如图 4-11 所示。

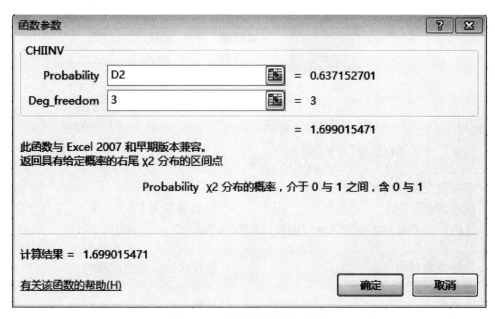

图 4-11　CHIINV 函数对话框

（4）统计分析的结果如图 4-12 所示。

| 表现型 | $O$ | $E$ | CHITEST | CHIINV |
|---|---|---|---|---|
| A_B_ | 362 | 355.5 | 0.6372 | 1.6990 |
| A_bb | 124 | 118.5 | $P$值 | 卡方值 |
| aaB_ | 113 | 118.5 | | |
| aabb | 33 | 39.5 | | |
| 总和 | 632 | 632 | | |

图 4-12　适合性检验的结果

（5）结果判定。若 CHITEST 函数返还的 $P \leqslant 0.05$（或 0.01）时，$O$ 和 $E$ 差异显著或极显著，观测值不符合理论比例；若 $P > 0.05$，$O$ 和 $E$ 差异不显著，观测值符合理论比例。

【解答】本题 $P$（0.6372）$>0.05$，$F_2$ 代四种表现型的实际观察频数 $O$ 与理论频数 $E$ 差异不显著，可以认为这两对相对性状的遗传符合自由组合定律 9∶3∶3∶1 的比例。

## 三、SPSS 操作

输入数据（实际观测值输成 1 列），在变量视图下修改变量名为"$F_2$"，增加一个分组变量"表现型"，在对应的"值标签"对话框中定义种类，全部添加完成后单击"确定"按钮，回到数据视图输入分组变量的数据，如图 4-13 所示。

| | F2 | 表现型 |
|---|---|---|
| 1 | 362.00 | A_B_ |
| 2 | 124.00 | A_bb |
| 3 | 113.00 | aaB_ |
| 4 | 33.00 | aabb |

图 4-13 子二代表现型数据的录入

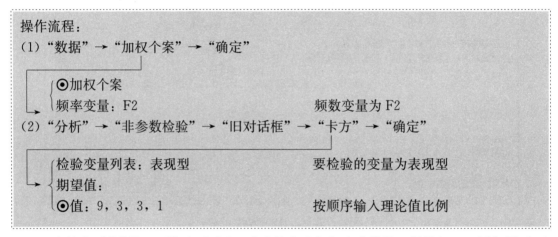

操作流程：

(1)"数据"→"加权个案"→"确定"

    ◉加权个案

    频率变量：F2              频数变量为 F2

(2)"分析"→"非参数检验"→"旧对话框"→"卡方"→"确定"

    检验变量列表：表现型         要检验的变量为表现型

    期望值：

    ◉值：9, 3, 3, 1           按顺序输入理论值比例

(1) 单击"数据"→"加权个案"（或直接点击加权个案快捷工具按钮），选择"加权个案"单选项，将频数资料"F2"选入到"频率变量"框，单击"确定"按钮，如图 4-14 所示。

图 4-14 "加权个案"对话框

(2) 回到数据视图，选择"分析"→"非参数检验"→"旧对话框"→"卡方"，如图

4-15 所示。

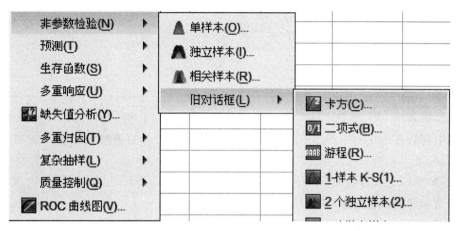

图 4-15　卡方程序的选择

（3）将分组变量"表现型"从左侧备选框选到右侧"检验变量"列表框，"期望值"部分选择"值"单选项，按照频数资料的顺序依次输入理论比值"9，3，3，1"（若理论比例为1∶1∶1∶1，则选择默认的"所有类别相等"单选项），单击"确定"按钮，如图 4-16 所示。

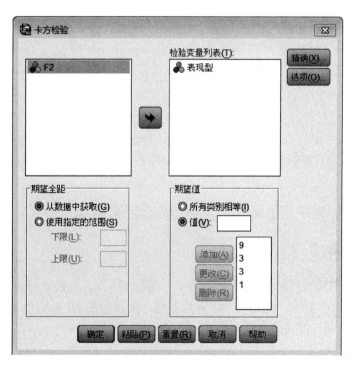

图 4-16　"卡方检验"对话框

（4）结果输出如表 4-4 所示。

表 4-4  检验统计量

| 统计量 | 表现型 |
|---|---|
| 卡方 | 1.699 |
| $df$ | 3 |
| 渐近显著性 | 0.637 |

（5）结果判定。"检验统计量"表格中的渐进显著性（$P$ 值）>0.05，$O$ 和 $E$ 差异不显著，观测值符合理论比例；$P \leqslant 0.05$（或 0.01），$O$ 和 $E$ 差异显著或极显著，观测值不符合理论比例。

【解答】本题的卡方值为 1.699，$P$（0.637）>0.05，$O$ 和 $E$ 差异不显著，这两对相对性状的遗传符合自由组合定律 9：3：3：1 的比例。

## 四、上机习题

在研究牛的毛色和角的有无两对相对性状分离现象时，用黑色无角牛和红色有角牛杂交，子二代出现黑色无角牛 189 头，黑色有角牛 76 头，红色无角牛 73 头，红色有角牛 18 头，共 356 头。试问这两对性状是否符合 9：3：3：1 的分离比例（$\chi^2 = 3.311$，$P = 0.346$）？

## 任务二  独立性检验

根据频数资料判断两类因子彼此相关或相互独立的假设检验称为独立性检验。独立性检验的频数资料是按两因子的属性类别进行归组的，根据两因子属性类别数的不同构成 $2 \times 2$ 和 $R \times C$ 两种类型的列联表（$R$ 和 $C$ 分别是行因子和列因子的属性类别数）。独立性检验的自由度 $df = (R-1)(C-1)$，其理论频数是在两因子相互独立假设成立的前提下根据实际频数计算得出的，即首先假定两因子相互独立，其中一个因子的变化对另一因子各组频数不会产生影响。

### 》》 子任务一  2×2 列联表的独立性检验 《《

自由度＝1
的独立性
检验

## 一、例题解析

【例 4-3】为了检验某种疫苗的免疫效果，某猪场用 80 头猪进行试验，接种疫苗的 44 头猪中有 12 头发病，32 头未发病；未接种的 36 头猪中有 22 头发病，14 头未发病。问该疫苗是否有免疫效果？

【解析】本题分析的是发病情况（因子 1）和接种疫苗（因子 2）之间是否有关；自由度 $df = (2-1) \times (2-1) = 1$，故属于自由度等于 1 的独立性检验。

解题步骤如下：

（1）先将资料整理成列联表（表 4-5）。

表 4-5 2×2 列联表

| 接种情况 | 发病 | 未发病 | 合计 |
|---|---|---|---|
| 接种 | 12 | 32 | 44 |
| 未接种 | 22 | 14 | 36 |
| 合计 | 34 | 46 | 80 |

（2）提出假设。

无效假设 $H_0$：发病与否和接种疫苗无关（两因子相互独立）

备择假设 $H_A$：发病与否和接种疫苗有关（两因子彼此相关）

（3）计算理论频数。

接种疫苗组理论发病数：$E_{11}=44×34/80=18.7$

接种疫苗组理论未发病数：$E_{12}=44×46/80=25.3$

未接种疫苗组理论发病数：$E_{21}=36×34/80=15.3$

未接种疫苗组理论未发病数：$E_{22}=36×46/80=20.7$

（4）计算矫正的卡方值。

$$\chi_c^2 = \sum \frac{(|O-E|-0.5)^2}{E} = 7.944$$

（5）统计推断。自由度 $df=(2-1)×(2-1)=1$，查卡方值表得 $\chi_{0.05(1)}^2=3.841$，$\chi_{0.01(1)}^2=6.635$。

因矫正的卡方值 $\chi_c^2=7.944>\chi_{0.01(1)}^2$，故 $P<0.01$，拒绝 $H_0$，表明发病与否与接种疫苗极显著相关，接种与未接种疫苗组间发病率差异极显著，说明该疫苗免疫效果极显著。

## 二、Excel 操作

操作流程：

（1）计算理论频数 $E$　　　　　　　　　需按观测值的顺序排列

（2）矫正公式计算各项的卡方值　　　　矫正公式 [ABS $(O-E)$ -0.5]^2/E

（3）SUM 函数求和　　　　　　　　　　得到矫正的卡方值

（4）CHIDIST 函数　　　　　　　　　　返回本题的 $P$ 值

　　X：F3　　　　　　　　　　　　　　选择矫正的卡方值

　　Deg_freedom：1　　　　　　　　　　自由度 $df=(2-1)×(2-1)=1$

（5）结果判定

（1）输入数据，计算理论频数 $E$，在实际观测值下方按照观测值的顺序排列各理论值，用矫正的卡方公式 [ABS $(O-E)$ -0.5]^2/E 计算各项卡方值，将各项卡方值求和（SUM 函数）得 $\chi^2$ 值，如图 4-17 所示。

（2）调用"CHIDIST"函数返回 $P$ 值，在"函数参数"对话框的 X 框中选择矫正的卡

| O | 发病 | 未发病 | 合计 | | |
|---|---|---|---|---|---|
| 接种 | 12 | 32 | 44 | | |
| 未接种 | 22 | 14 | 36 | | |
| 合计 | 34 | 46 | 80 | | |
| | | | | | |
| E | 发病 | 未发病 | 计算矫正的卡方值 | | 求和 |
| 接种 | 18.7 | 25.3 | 2.0556 | 1.5194 | 7.9444 |
| 未接种 | 15.3 | 20.7 | 2.5124 | 1.8570 | $\chi_c^2$ |

图 4-17 连续矫正 $\chi_c^2$ 值的计算

方值单元格（F7），在 Deg_freedom 框输入自由度：1，单击"确定"按钮，如图 4-18 所示。

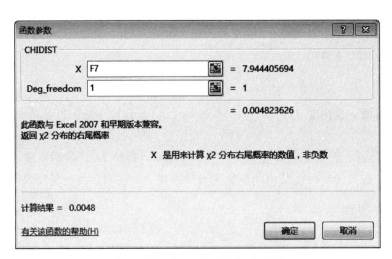

图 4-18 CHIDIST 函数对话框

（3）统计分析的结果如图 4-19 所示。

| O | 发病 | 未发病 | 合计 | | |
|---|---|---|---|---|---|
| 接种 | 12 | 32 | 44 | | |
| 未接种 | 22 | 14 | 36 | | |
| 合计 | 34 | 46 | 80 | | |
| | | | | | |
| E | 发病 | 未发病 | 计算矫正的卡方值 | | 求和 | P值 |
| 接种 | 18.7 | 25.3 | 2.0556 | 1.5194 | 7.9444 | 0.0048 |
| 未接种 | 15.3 | 20.7 | 2.5124 | 1.8570 | $\chi_c^2$ | CHIDIST |

图 4-19 独立性检验结果

（4）结果判定。若 CHIDIST 函数返还的 $P \leq 0.05$（或 0.01），则 $O$ 和 $E$ 差异显著或极显著，两个因子彼此显著或极显著相关；若 $P > 0.05$，则 $O$ 和 $E$ 差异不显著，两个因子相互独立。

**【解答】**本题 $P$（0.0048）$< 0.01$，$O$ 和 $E$ 差异极显著，表明发病与否与是否接种疫苗极显著相关，接种与未接种疫苗组间发病率差异极显著，说明该疫苗的免疫效果极显著。

### 三、SPSS 操作

输入数据（所有观测值输成 1 列），在变量视图下修改变量名为"猪头数"，增加两个分组变量"接种情况"和"发病情况"，在对应的"值标签"对话框中定义种类，全部添加完成后单击"确定"按钮，回到数据视图输入两个分组变量的数据，如图 4 - 20 所示。

| | 猪头数 | 接种情况 | 发病情况 |
|---|---|---|---|
| 1 | 12.00 | 接种 | 发病 |
| 2 | 22.00 | 未接种 | 发病 |
| 3 | 32.00 | 接种 | 未发病 |
| 4 | 14.00 | 未接种 | 未发病 |

图 4 - 20 疫苗免疫效果数据录入

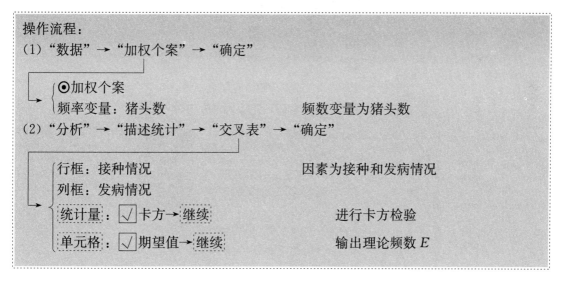

操作流程：
（1）"数据" → "加权个案" → "确定"

⊙ 加权个案
频率变量：猪头数　　　　　　　　　　频数变量为猪头数
（2）"分析" → "描述统计" → "交叉表" → "确定"

行框：接种情况　　　　　　　　因素为接种和发病情况
列框：发病情况
统计量：☑卡方 → 继续　　　　　进行卡方检验
单元格：☑期望值 → 继续　　　　输出理论频数 $E$

（1）单击"数据" → "加权个案"（或直接单击加权个案快捷工具按钮），选择"加权个案"单选项，将频数资料"猪头数"选到"频率变量"框中，单击"确定"按钮，如图 4 - 21 所示。

（2）回到数据视图，单击"分析" → "描述统计" → "交叉表"，如图 4 - 22 所示。

（3）将两个因子"接种情况"和"发病情况"从左侧备选框依次选入右侧"行"和"列"框中，如图 4 - 23 所示。

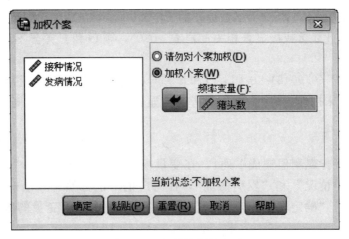

图 4-21 频数资料的权重

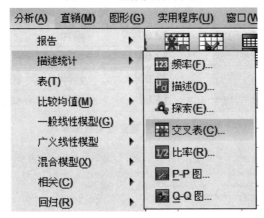

图 4-22 交叉表程序的选择

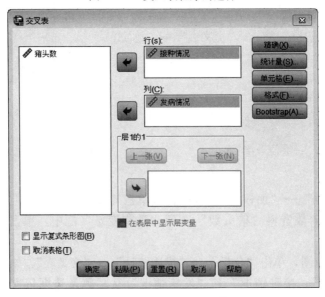

图 4-23 "交叉表"对话框

（4）单击"统计量"按钮，选中"卡方"复选框（进行卡方检验），单击"继续"按钮，如图 4-24 所示。

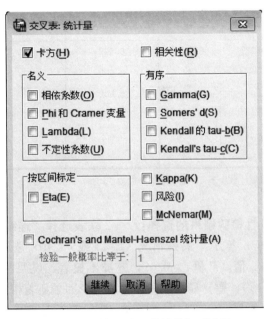

图 4-24 "交叉表：统计量"对话框

（5）在"交叉表"对话框中，单击"单元格"按钮，勾选"期望值"复选框，单击"继续"，再单击"确定"按钮，如图 4-25 所示。

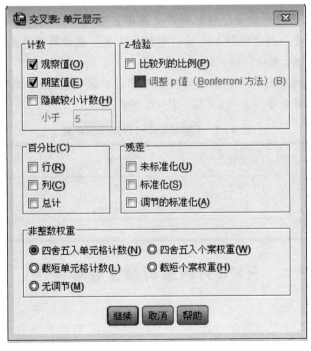

图 4-25 "交叉表：单元显示"对话框

（6）结果输出如表 4 - 6 所示。

表 4 - 6　卡方检验

| | 值 | $df$ | 渐进 Sig.（双侧） | 精确 Sig.（双侧） | 精确 Sig.（单侧） |
|---|---|---|---|---|---|
| Pearson 卡方 | 9.277[a] | 1 | 0.002 | | |
| 连续校正[b] | 7.944 | 1 | 0.005 | | |
| 似然比 | 9.419 | 1 | 0.002 | | |
| Fisher 的精确检验 | | | | 0.003 | 0.002 |
| 线性和线性组合 | 9.161 | 1 | 0.002 | | |
| 有效案例中的 $N$ | 80 | | | | |

注：a. 0 单元格（0%）的期望计数少于 5，最小期望计数为 15.30。

　　b. 仅对 2×2 表计算。

（7）结果判定。独立性检验结果的选择：2×2 联表选择"连续矫正"；一般情况（$n>40$ 且 $E>5$）选择"Pearson 卡方"，特殊情况（$E<1$ 或 $n<40$）选用"Fisher 的精确检验"。

"卡方检验"表格 Sig. 值（$P$ 值）$>0.05$，差异不显著，说明两个因子彼此独立；Sig. 值（$P$ 值）$\leqslant 0.05$（或 0.01），差异显著或极显著，两个因子显著相关或极显著相关。

【解答】本题为 2×2 列联表，自由度 $df=1$，所以选择连续矫正的卡方值及其对应的 $P$ 值。由于连续矫正的 $P$（0.005）$<0.01$，差异极显著，表明发病与否与是否接种疫苗两个因子极显著相关，该疫苗的免疫效果极显著。

## 四、上机习题

1. 调查大家畜采用两种方法进行配种的受胎率，采用单次配种和两次配种，单次配种共 180 头，受胎 110 头；两次配种 140 头，受胎 125 头。试检验两种配种方法的受胎率有无显著差别（$\chi^2=30.618$，$P=3.14\times10^{-8}$）。

2. 用土霉素和呋喃西林两种药物治疗仔猪下痢，结果如表 4 - 7 所示，试检验两种药物的治疗效果是否有显著差异（$\chi^2=5.776$，$P=0.016$）。

表 4 - 7　两种药物治疗仔猪下痢效果

| 药物 | 治愈数 | 死亡数 | 总和 |
|---|---|---|---|
| 土霉素 | 64 | 36 | 100 |
| 呋喃西林 | 16 | 24 | 40 |
| 合计 | 80 | 60 | 140 |

>>> 子任务二　R×C 列联表的独立性检验 <<<

自由度>1 的
独立性检验

## 一、例题解析

【例 4 - 4】在甲、乙两地进行水牛体型调查，将体型按优、良、中、劣 4

个等级分类，统计结果见表 4-8，试检验两地水牛体型构成比是否相同。

表 4-8 两地水牛体型分类统计

| 地区 | 体型等级 | | | | 合计 |
| --- | --- | --- | --- | --- | --- |
| | 优 | 良 | 中 | 劣 | |
| 甲地 | 10 | 10 | 60 | 10 | 90 |
| 乙地 | 10 | 5 | 20 | 10 | 45 |
| 合计 | 20 | 15 | 80 | 20 | 135 |

【解析】本题分析的是水牛体型构成比（因子 1）和所在地区（因子 2）之间是否相关；数据资料是 $2\times4$ 的列联表，自由度 $df=(2-1)\times(4-1)=3$，故属于自由度大于 1 的独立性检验。

解题步骤如下：

（1）提出假设。

无效假设 $H_0$：两地水牛体型构成比相同，即水牛体型构成比与地区无关。

备择假设 $H_A$：两地水牛体型构成比不同，即水牛体型构成比与地区有关。

（2）计算理论频数。

甲地优等水牛的理论头数：$E_{11}=90\times20/135=13.3$

甲地良好水牛的理论头数：$E_{12}=90\times15/135=10.0$

甲地中等水牛的理论头数：$E_{13}=90\times80/135=53.3$

甲地劣等水牛的理论头数：$E_{14}=90\times20/135=13.3$

乙地优等水牛的理论头数：$E_{21}=45\times20/135=6.7$

乙地良好水牛的理论头数：$E_{22}=45\times15/135=5.0$

乙地中等水牛的理论头数：$E_{23}=45\times80/135=26.7$

乙地劣等水牛的理论头数：$E_{24}=45\times20/135=6.7$

（3）计算卡方值。

$$\chi^2=\sum\frac{(O-E)^2}{E}=7.500$$

（4）统计推断。

自由度 $df=(2-1)\times(4-1)=3$，查卡方值表得 $\chi^2_{0.05(3)}=7.815$。

因计算得到的卡方值 $\chi^2=7.500<\chi^2_{0.05(3)}$，故 $P>0.05$，不能否定 $H_0$，故而可以认为水牛体型构成比与地区无关，即两地水牛体型构成比相同。

## 二、Excel 操作

操作流程：

（1）计算理论频数 $E$　　　　　　　需按观测值的顺序排列

（2）CHITEST 函数　　　　　　　　返还本题的 $P$ 值

　　　Actual_range：B3：E4　　　　观测值 $O$ 的区域

　　　Expected_range：B8：E9　　　理论值 $E$ 的区域

（3）CHIINV 函数　　　　　　　　　返还本题的卡方值

Probability：F8　　　　　　　　　选择 CHITEST 函数返还的概率值

Deg_freedom：3　　　　　　　　　自由度 $df=(4-1)\times(2-1)=3$

（4）结果判定

（1）输入数据，计算理论频数 $E$，在实际观测值下方按照观测值的顺序排列各理论值，如图 4-26 所示。

| | A | B | C | D | E | F |
|---|---|---|---|---|---|---|
| 1 | 地区 | 体型等级 | | | | 合计 |
| 2 | | 优 | 良 | 中 | 劣 | |
| 3 | 甲地 | 10 | 10 | 60 | 10 | 90 |
| 4 | 乙地 | 10 | 5 | 20 | 10 | 45 |
| 5 | 合计 | 20 | 15 | 80 | 20 | 135 |
| 6 | | | | | | |
| 7 | $E$ | 优 | 良 | 中 | 劣 | |
| 8 | 甲地 | 13.33 | 10.00 | 53.33 | 13.33 | |
| 9 | 乙地 | 6.67 | 5.00 | 26.67 | 6.67 | |

图 4-26　两地水牛体型等级的理论频数

（2）调用"CHITEST"函数返回本题的 $P$ 值，Actual_range 选择实际观测值 $O$ 的区域（B3:E4），Expected_range 选择理论值 $E$ 的区域（B8:E9），单击"确定"按钮，如图 4-27 所示。

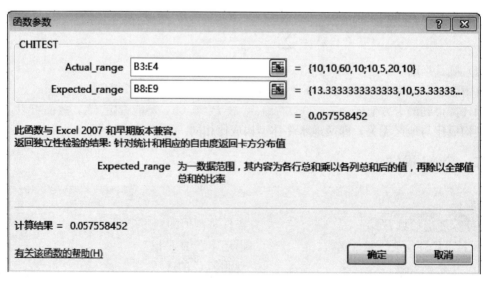

图 4-27　CHITEST 函数对话框

（3）调用"CHIINV"函数返回本题的卡方值，Probability 框选择 CHITEST 函数返回值的单元格 F8，Deg_freedom 框输入本题自由度：3，单击"确定"按钮，如图 4-28 所示。

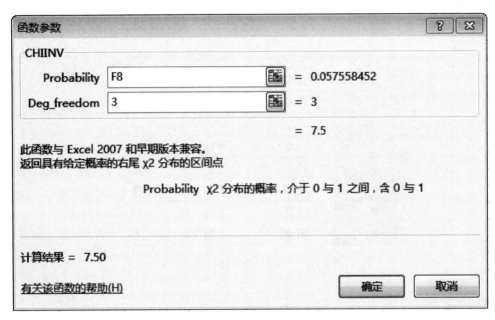

图 4-28　CHIINV 函数对话框

（4）统计分析的结果如图 4-29 所示。

| 地区 | 体型等级 | | | | 合计 | |
|---|---|---|---|---|---|---|
| | 优 | 良 | 中 | 劣 | | |
| 甲地 | 10 | 10 | 60 | 10 | 90 | |
| 乙地 | 10 | 5 | 20 | 10 | 45 | |
| 合计 | 20 | 15 | 80 | 20 | 135 | |
| | | | | | | |
| $E$ | 优 | 良 | 中 | 劣 | CHITEST | CHIINV |
| 甲地 | 13.33 | 10.00 | 53.33 | 13.33 | 0.0576 | 7.500 |
| 乙地 | 6.67 | 5.00 | 26.67 | 6.67 | $P$值 | 卡方值 |

图 4-29　统计推断结果

（5）结果判定。若 CHITEST 函数返还的 $P \leqslant 0.05$（或 0.01），则 $O$ 和 $E$ 差异显著或极显著，两因子彼此显著或极显著相关。若 $P > 0.05$，则 $O$ 和 $E$ 差异不显著，两因子相互独立。

【解答】本题的 $P$（0.0576）$> 0.05$，$O$ 和 $E$ 差异不显著，故而可以认为水牛体型构成比与地区无关，即两地水牛体型构成比是相同的。

### 三、SPSS 操作

输入数据（实际观测值输成1列），在变量视图下修改变量名为"水牛数"，增加两个分组变量"地区"和"等级"，在对应的"值标签"对话框中定义种类，全部添加完成后单击"确定"按钮回到数据视图输入分组变量的数据，如图4-30所示。

| | 水牛数 | 地区 | 等级 |
|---|---|---|---|
| 1 | 10.00 | 甲地 | 优 |
| 2 | 10.00 | 甲地 | 良 |
| 3 | 60.00 | 甲地 | 中 |
| 4 | 10.00 | 甲地 | 下 |
| 5 | 10.00 | 乙地 | 优 |
| 6 | 5.00 | 乙地 | 良 |
| 7 | 20.00 | 乙地 | 中 |
| 8 | 10.00 | 乙地 | 下 |

图4-30 两地水牛等级数据的录入

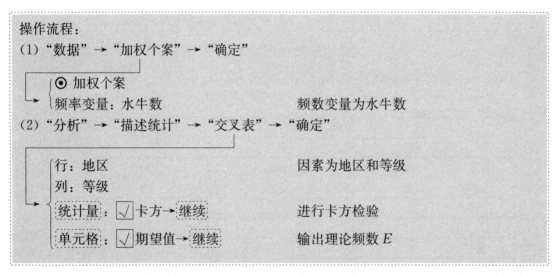

操作流程：

(1)"数据"→"加权个案"→"确定"

⊙ 加权个案
频率变量：水牛数       频数变量为水牛数

(2)"分析"→"描述统计"→"交叉表"→"确定"

行：地区       因素为地区和等级
列：等级

统计量：☑卡方→继续       进行卡方检验

单元格：☑期望值→继续       输出理论频数 $E$

（1）将变量"水牛数"加权，然后调用"交叉表"程序，"地区"和"等级"分别选入行和列因子框，勾选"统计量"中的"卡方"复选框，输出卡方值，具体操作同 $2 \times 2$ 列联表中 SPSS 的操作，此处不再赘述，直接输出结果，如表4-9所示。

表4-9 卡方检验

| | 值 | $df$ | 渐进 Sig.（双侧） |
|---|---|---|---|
| Pearson 卡方 | 7.500[a] | 3 | 0.058 |
| 似然比 | 7.338 | 3 | 0.062 |

（续）

| | 值 | $df$ | 渐进 Sig.（双侧） |
|---|---|---|---|
| 线性和线性组合 | 0.469 | 1 | 0.494 |
| 有效案例中的 $N$ | 135 | | |

注：a. 0 单元格（0%）的期望计数少于 5，最小期望计数为 5.00。

（2）结果判定。独立性检验结果的选择：$df>1$ 且 $E>5$ 时选择 Pearson 卡方；"卡方检验"表格 Sig. 值（$P$ 值）$>0.05$，差异不显著，说明两个因子彼此独立；Sig. 值（$P$ 值）$\leq0.05$（或 0.01），差异显著或极显著，两个因子显著相关或极显著相关。

【解答】本题为 2×4 联表，自由度 $df=(4-1)\times(2-1)=3$，所以选择 Pearson 卡方及其对应的 $P$ 值。由于 $P$（0.058）$>0.05$，差异不显著，可以认为水牛体型构成比与地区无关，即两地水牛体型构成比相同。

## 四、上机习题

1. 甲乙两个品种各 60 头经产母猪的产仔情况见表 4-10，问两个品种母猪的产仔数构成比是否相同（$\chi^2=22.732$，$P=1.16\times10^{-5}$）?

**表 4-10 母猪产仔情况**

| 品种 | 9 头以下 | 10～12 头 | 13 头以上 | 合计 |
|---|---|---|---|---|
| 甲 | 14 | 41 | 5 | 60 |
| 乙 | 3 | 31 | 26 | 60 |
| 合计 | 17 | 72 | 31 | 120 |

2. 对三组黑山羊分别喂 A、B、C 三种不同的饲料，各组发病频数统计见表 4-11，问黑山羊发病频数的构成比与所喂饲料是否有关（$\chi^2=1.473$，$P=0.961$）?

**表 4-11 三组发病频数统计**

| 发病频数 | 饲料 | | |
|---|---|---|---|
| | A | B | C |
| 0 | 19 | 16 | 17 |
| 1 | 8 | 12 | 10 |
| 2 | 7 | 6 | 8 |
| 3 | 4 | 4 | 4 |
| 4 | 2 | 2 | 1 |

### ≫≫ 子任务三　配对卡方 ≪≪

配对卡方

## 一、例题解析

【例 4-5】某兽医院对 75 例患同种疾病的牛，用临床和 X 射线两种方法进行诊断，其结果见表 4-12，问两种诊断方法的检出率是否有差异？

**表 4-12  临床诊断和 X 射线两种方法的诊断结果**

| | | 临床诊断 | | 合计 |
|---|---|---|---|---|
| | | + | − | |
| X 射线 | + | 23 (a) | 19 (b) | 42 |
| 诊断 | − | 8 (c) | 25 (d) | 33 |
| | 合计 | 31 | 44 | 75 |

【解析】本题是频数资料的显著性检验，属于卡方检验；数据是对同一头牛分别用两种方法进行诊断的结果，属于自身配对资料，故而采用配对卡方检验。

由于只有诊断结果不同的部分即 $b$ 和 $c$ 两部分的数据，能够为判断两种诊断方法的检出率是否有差异提供依据，故此处仅针对 $b$ 和 $c$ 的数据进行分析。

解题步骤如下：

（1）提出假设。

无效假设 $H_0$：临床和 X 射线两种方法无差异，检出率一致。

备择假设 $H_A$：临床和 X 射线两种方法有差异，检出率不一致。

（2）计算理论频数。如果两种方法无差异，$b$ 和 $c$ 的数据应该相等，故配对资料的理论频数为 $(b+c)/2$。

$b$ 的理论频数：$E_1 = (19+8)/2 = 13.5$

$c$ 的理论频数：$E_2 = (19+8)/2 = 13.5$

（3）计算矫正的卡方值。

$$\chi_c^2 = \sum \frac{(|O-E|-0.5)^2}{E} = 3.704$$

（4）统计推断。自由度 $df = 2-1 = 1$，查卡方值表得 $\chi_{0.05(1)}^2 = 3.841$。

连续矫正的卡方值 $\chi_c^2 = 3.704 < \chi_{0.05(1)}^2$，故 $P > 0.05$，接受 $H_0$，表明临床和 X 射线两种诊断方法的差异不显著，可以认为两种方法的检出率无显著性差异。

## 二、Excel 操作

操作流程：

（1）选取 $b$ 和 $c$ 两部分的数据改写　　　　仅需诊断结果不同的数据

（2）计算理论频数 $E$　　　　　　　　　　理论上假设两种方法的检出率一致

（3）矫正公式计算各项的卡方值　　　　　矫正公式 [ABS (O−E)−0.5]^2/E

（4）SUM 函数求和　　　　　　　　　　得到矫正的卡方值

（5）CHIDIST 函数　　　　　　　　　　返回本题的 $P$ 值

　　　X：E2　　　　　　　　　　　　　选择矫正的卡方值

　　　Deg_freedom：1　　　　　　　　自由度 $df = 2-1 = 1$

（6）结果判定

（1）由于只有诊断结果不同部分的数据才能为判断两种诊断方法的检出率是否有差异提供依据，故而将数据改写成表 4-13 的形式，分别计算出 $b$ 和 $c$ 的理论频数。

**表 4-13　配对卡方的理论频数**

| 配对资料 | $O$ | $E$ |
| --- | --- | --- |
| $b$ | 19 | 13.5 |
| $c$ | 8 | 13.5 |
| 合计 | 27 | 27 |

（2）由于自由度 $df=1$，故而用矫正的卡方公式 $[ABS(O-E)-0.5]^2/E$ 计算各项卡方值，将各项卡方值求和（SUM 函数）得 $\chi_c^2$ 值，如图 4-31 所示。

| 配对资料 | $O$ | $E$ | 矫正的卡方值 | 求和 |
| --- | --- | --- | --- | --- |
| $b$ | 19 | 13.5 | 1.8519 | 3.7037 |
| $c$ | 8 | 13.5 | 1.8519 | |
| 合计 | 27 | 27 | | |

图 4-31　连续矫正卡方值的计算

（3）调用"CHIDIST"函数返回 $P$ 值，在"函数参数"对话框的 X 框中选择矫正的卡方值单元格（E2），Deg_freedom 框输入自由度：1，单击"确定"按钮，如图 4-32 所示。

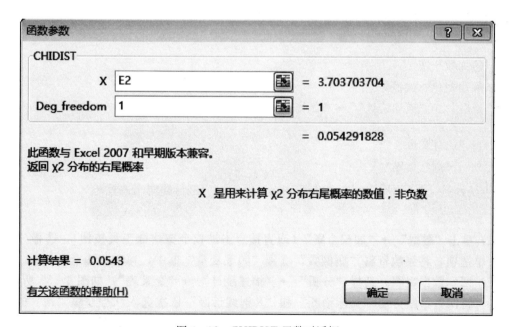

图 4-32　CHIDIST 函数对话框

（4）统计分析的结果如图 4-33 所示。

| 配对资料 | $O$ | $E$ | 矫正的卡方值 | 求和 | $P$ 值 |
|---|---|---|---|---|---|
| $b$ | 19 | 13.5 | 1.8519 | 3.7037 | 0.0543 |
| $c$ | 8 | 13.5 | 1.8519 | | |
| 合计 | 27 | 27 | | | |

图 4-33　配对卡方检验的结果

（5）结果判定。若 CHIDIST 函数返还的 $P \leqslant 0.05$ 或 0.01，则 $O$ 和 $E$ 差异显著或极显著，两种诊断方法有显著或极显著差异；若 $P > 0.05$，则 $O$ 和 $E$ 差异不显著，两种诊断方法无显著性差异。

【解答】本题的 $P$（0.0543）$> 0.05$，$O$ 和 $E$ 差异不显著，临床和 X 射线两种诊断方法无显著性差异，可以认为两种方法的检出率一致。

### 三、SPSS 操作

输入数据（所有观测值输成 1 列），在变量视图下修改变量名为"病例数"，增加两个分组变量"临床诊断"和"X 射线诊断"，在对应的"值标签"对话框中定义种类，全部添加完成后单击"确定"按钮，回到数据视图输入两个分组变量的数据，如图 4-34 所示。

| 病例数 | 临床诊断 | X 射线诊断 |
|---|---|---|
| 23 | + | + |
| 19 | - | + |
| 8 | + | - |
| 25 | - | - |

图 4-34　配对卡方数据的录入

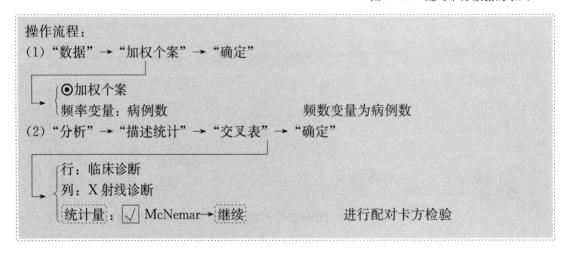

操作流程：
（1）"数据"→"加权个案"→"确定"

⊙加权个案
频率变量：病例数　　　　　　　　　　频数变量为病例数
（2）"分析"→"描述统计"→"交叉表"→"确定"

行：临床诊断
列：X 射线诊断
统计量：☑ McNemar→继续　　　　进行配对卡方检验

（1）单击"数据"→"加权个案"（或直接点击加权个案快捷工具按钮），选择"加权个案"单选项，将频数资料"病例数"选到"频率变量"框中，单击"确定"按钮。

（2）回到数据视图，选择"分析"→"描述统计"→"交叉表"，如图 4-35 所示。

（3）将两种诊断方法"临床诊断"和"X 射线诊断"依次选入"行"和"列"框，如图 4-36 所示。

（4）单击"统计量"按钮，选中"McNemar"复选框（进行配对卡方检验），单击"继续"，再单击"确定"按钮，如图 4-37 所示。

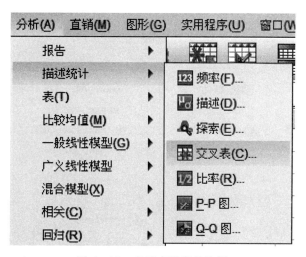

图 4-35 交叉表程序的选择

图 4-36 "交叉表"对话框

（5）结果输出如表 4-14 所示。

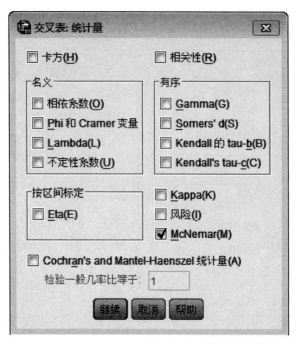

图 4-37 "交叉表：统计量"对话框

表 4-14 卡方检验

| | 值 | 精确 Sig.（双侧） |
|---|---|---|
| McNemar 检验 | | 0.052 |
| 有效案例中的 $N$ | 75 | |

（6）结果判定。配对资料的麦克尼马尔（McNemar）检验不输出具体的卡方值，仅输出精确 Sig. 值（双侧 $P$ 值）。$P > 0.05$，说明两种方法无差异；$P \leqslant 0.05$（或 0.01），说明两种方法有显著或极显著差异。

【解答】本题的 $P$ 值为 0.052，大于 0.05，差异不显著，可以认为两种诊断方法的检出率是一致的。

## 四、上机习题

现有 40 份血样，把每份样品分别用血清试管法和血清凹版法诊断猪囊虫病的感染情况，观察结果见表 4-15，试检验两种诊断法的阳性率是否有差异（$\chi^2 = 1.125$，$P = 0.289$）。

表 4-15

| | | 凹版法 | | 合计 |
|---|---|---|---|---|
| | | + | − | |
| 试管法 | + | 24 ($a$) | 2 ($b$) | 26 |
| | − | 6 ($c$) | 8 ($d$) | 14 |
| 合计 | | 30 | 10 | 40 |

# 项目五

## 直线相关与回归

一个变量随着另一个变量的变化而变化，但不能用一个变量的数值完全确定另一个变量的数值，变量间的非确定性关系称为相关关系。其中，一个变量随着另一个变量增大而增大的相关称为正相关；一个变量随着另一个变量增大而减小的相关称为负相关。

一个变量（$y$）随着另一个变量（$x$）的变化而变化的单向主从关系称为回归关系。前一个变量（$y$）称为依变量（因变量），后一个变量（$x$）称为自变量。回归分析的任务是揭示出呈因果关系的相关变量的联系形式，建立回归方程，由自变量来预测、控制依变量。

两个变量之间的相关或回归关系称为一元相关或一元回归，两个以上变量之间的相关或回归关系称为多元相关或多元回归，而变量之间的关系又有线性和非线性之分，本项目仅介绍一元线性相关与回归，通常也称为直线相关与直线回归。

## 任务一　直线相关

直线相关

### 一、背景知识

**1. 相关系数**

相关系数 $r$ 表示两个变量间的相互关系，其绝对值表示两个变量密切程度的大小，符号表示相关的性质。相关系数的取值范围是 $[-1, 1]$，即当 $r > 0$ 时为正相关，当 $r < 0$ 时为负相关；当 $|r| = 1$ 时为完全相关，当 $|r| = 0$ 时为零相关；当 $|r| \geqslant 0.66$ 时为强相关，当 $0.33 \leqslant |r| < 0.66$ 时为中等强相关，当 $|r| < 0.33$ 时为弱相关。

**2. 计算公式**

$$r = \frac{SP_{xy}}{\sqrt{SS_x} \times \sqrt{SS_y}} \qquad (5-1)$$

式中，$SP_{xy}$ 为两个变量的乘积和，$SS_x$ 为变量 $x$ 的平方和，$SS_y$ 为变量 $y$ 的平方和。在实际应用中，公式通常写成如下形式：

$$r = \frac{\sum xy - \sum x \sum y / n}{\sqrt{\left[\sum x^2 - \left(\sum x\right)^2 / n\right] \times \left[\sum y^2 - \left(\sum y\right)^2 / n\right]}} \qquad (5-2)$$

**3. 相关系数的显著性检验**

由样本得到的相关系数是一个统计量，由于可能存在抽样误差，其不能直接说明总体的线性相关关系是否确实存在，所以需要通过显著性检验才能做出统计推断。

根据自由度（$df=n-2$）和显著性水平（$\alpha$），查"相关系数显著性检验临界值表"得到临界值，用相关系数的绝对值和临界值进行比较得出 $P$ 值的范围，其推断方法和显著性检验一致。

### 二、例题解析

【例 5-1】现有 10 只绵羊胸围（cm）与体重（kg）的资料见表 5-1，试计算绵羊胸围和体重之间的相关系数。

表 5-1　绵羊的胸围与体重

| 胸围/cm | 68 | 70 | 70 | 71 | 71 | 71 | 73 | 74 | 76 | 76 |
|---|---|---|---|---|---|---|---|---|---|---|
| 体重/kg | 50 | 60 | 68 | 65 | 69 | 72 | 71 | 73 | 75 | 77 |

【解析】本题求解相关系数（$r$）显然属于相关分析；同时要证明总体确实存在直线相关，必须通过显著性检验的验证（其 $P \leqslant 0.05$）。

解题步骤如下：

（1）设定变量。设绵羊的胸围为变量 $x$，绵羊的体重为变量 $y$。

（2）列计算表（表 5-2）。

表 5-2　绵羊胸围与体重相关系数计算

| 序号 | 胸围（$x$） | 体重（$y$） | $xy$ | $x^2$ | $y^2$ |
|---|---|---|---|---|---|
| 1 | 68 | 50 | 3400 | 4624 | 2500 |
| 2 | 70 | 60 | 4200 | 4900 | 3600 |
| 3 | 70 | 68 | 4760 | 4900 | 4624 |
| 4 | 71 | 65 | 4615 | 5041 | 4225 |
| 5 | 71 | 69 | 4899 | 5041 | 4761 |
| 6 | 71 | 72 | 5112 | 5041 | 5184 |
| 7 | 73 | 71 | 5183 | 5329 | 5041 |
| 8 | 74 | 73 | 5402 | 5476 | 5329 |
| 9 | 76 | 75 | 5700 | 5776 | 5625 |
| 10 | 76 | 77 | 5852 | 5776 | 5929 |
| 合计 | 720 | 680 | 49123 | 51904 | 46818 |

（3）代入公式计算。

$$r = \frac{\sum xy - \sum x \sum y / n}{\sqrt{\left[\sum x^2 - \left(\sum x\right)^2 / n\right] \times \left[\sum y^2 - \left(\sum y\right)^2 / n\right]}} = 0.8475$$

（4）相关系数显著性检验。

自由度 $df=n-2=10-2=8$，显著性水平 $\alpha=0.05$ 或 $0.01$，查表得：$r_{0.05(8)}=0.632$，$r_{0.01(8)}=0.765$。

因 $r=0.8475>r_{0.01(8)}$，则 $P<0.01$，差异极显著，说明绵羊的胸围（$x$）和体重（$y$）两个变量之间存在极显著的直线相关关系，并且是强正相关。

## 三、Excel 操作

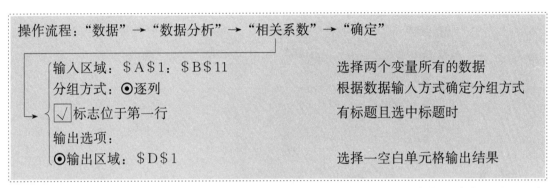

（1）输入数据，单击"数据"→"数据分析"→"相关系数"，单击"确定"按钮，如图 5-1 所示。

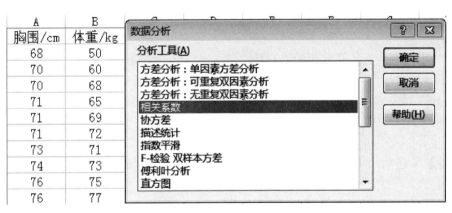

图 5-1 相关系数程序的选择

（2）"输入区域"选择两个变量所有的数据，根据数据输入格式确定"分组方式"（逐列或逐行），勾选"标志位于第一行/列"复选框（可选项），选择一个空白单元格输出分析结果，单击"确定"按钮，如图 5-2 所示。

（3）结果输出如图 5-3 所示。

（4）显著性检验。

查表法：相关系数显著性检验表。

自由度：$df=n-2=10-2=8$；

显著水平：$\alpha=0.05$ 或 $0.01$；

将输出的相关系数和查表得出的临界值进行比较，得出 $P$ 值的范围。

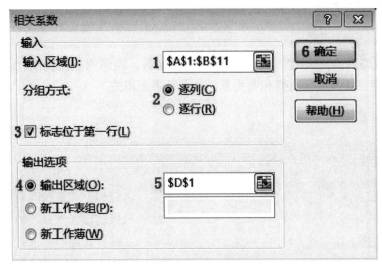

图 5-2 "相关系数"对话框

|  | 胸围/cm | 体重/kg |
|---|---|---|
| 胸围/cm | 1 |  |
| 体重/kg | 0.847488 | 1 |

图 5-3 相关系数结果输出

（5）结果判定。若相关系数的绝对值大于 $\alpha=0.05$ 时的临界值，则 $P<0.05$，差异显著，相关系数的右上角标注"*"；若相关系数的绝对值大于 $\alpha=0.01$ 时的临界值，则 $P<0.01$，差异极显著，相关系数的右上角标注"**"；这两种情况说明两个变量之间存在显著或极显著的直线相关关系。若相关系数的绝对值小于 $\alpha=0.05$ 时的临界值，则 $P>0.05$，相关系数不显著，说明两者不存在直线相关关系。

【解答】本题相关系数 $r=0.847$，临界值：$r_{0.05(8)}=0.632$，$r_{0.01(8)}=0.765$；因 $r=0.8475>r_{0.01(8)}$，则 $P<0.01$，差异极显著，说明绵羊的胸围（$x$）和体重（$y$）两个变量之间存在极显著的直线相关关系，且为强正相关。

## 四、SPSS 操作

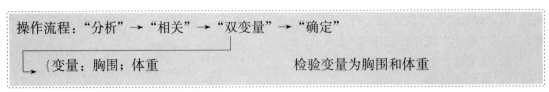

操作流程："分析"→"相关"→"双变量"→"确定"

$\Big\{$变量：胸围；体重　　　　　　　　检验变量为胸围和体重

（1）输入数据（每个变量数据占 1 列，共 2 列），在变量视图下修改变量名（"胸围"和"体重"），回到数据视图单击"分析"→"相关"→"双变量"，如图 5-4 所示。

（2）将两个变量（胸围和体重）从左侧备选变量框选到右侧的"变量"框，单击"确定"按钮，如图 5-5 所示。

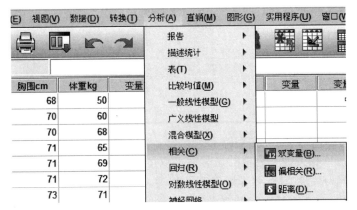

图5-4 相关分析程序的选择

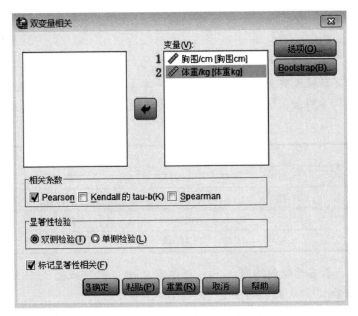

图5-5 "双变量相关"对话框

【注】"相关系数"选择默认的 Pearson,输出的是参数检验的相关系数;如果是非参数相关分析(秩相关),则选用 Spearman 相关系数;在两个变量都属于有序分类数据时,选用 Kendall 的 tau-b(k)相关系数。

(3)结果输出见表5-3。

表5-3 相关性

| | | 胸围/cm | 体重/kg |
|---|---|---|---|
| | Pearson 相关性 | 1 | 0.847** |
| 胸围/cm | 显著性(双侧) | | 0.002 |
| | N | 10 | 10 |

（续）

| | | 胸围/cm | 体重/kg |
|---|---|---|---|
| 体重/kg | Pearson 相关性 | 0.847** | 1 |
| | 显著性（双侧） | 0.002 | |
| | N | 10 | 10 |

注：**表示在 0.01 水平（双侧）上显著相关。

（4）结果判定。"相关性"表格的显著性（双尾 $P$ 值）$\leq 0.05$，差异显著，相关系数右上角标注一个星号；$P \leq 0.01$，差异极显著，相关系数右上角标注两个星号；$P > 0.05$，相关系数不显著，说明两个变量之间没有直线相关关系，但不排除有其他形式的相关。

【解答】本题 Pearson 相关系数为 0.847，$P$（0.002）$< 0.01$，差异极显著，相关系数右上角标注 "**"，说明其有统计学意义，胸围和体重两个变量存在极显著的直线相关关系，且为强正相关。

## 五、上机习题

1. 将 16 棵白菜每棵纵剖为二，一半受冻，一半未受冻，测定其维生素 C 含量（单位：mg/g）结果如表 5-4 所示，试计算相关系数，检验相关显著性（$r = 0.593$，$P = 0.015$）。

表 5-4

| 维生素 C 含量/(mg/g) | | | | | | | |
|---|---|---|---|---|---|---|---|
| 未受冻 | 39.01 | 34.23 | 30.82 | 32.13 | 43.03 | 36.71 | 28.74 | 26.03 |
| 受冻 | 33.29 | 34.75 | 37.93 | 34.38 | 41.52 | 34.87 | 34.93 | 30.95 |
| 未受冻 | 30.15 | 22.21 | 30.81 | 29.58 | 33.49 | 30.07 | 38.52 | 41.27 |
| 受冻 | 38.90 | 26.86 | 34.57 | 32.02 | 42.37 | 31.55 | 39.08 | 35.00 |

2. 某猪场 15 头后备母猪的胸围（cm）与体重（kg）资料如表 5-5 所示，计算相关系数并进行显著性检验（$r = 0.813$，$P = 2.28 \times 10^{-4}$）。

表 5-5

| 猪序号 | 1 | 2 | 3 | 4 | 5 | 6 | 7 | 8 | 9 | 10 | 11 | 12 | 13 | 14 | 15 |
|---|---|---|---|---|---|---|---|---|---|---|---|---|---|---|---|
| 胸围/cm | 35 | 35 | 35 | 33 | 32 | 33 | 36 | 33 | 36 | 35 | 34 | 36 | 38 | 35 | 32 |
| 体重/kg | 33 | 30 | 29 | 28 | 30 | 27 | 34 | 31 | 31 | 30 | 28 | 36 | 43 | 31 | 25 |

任务二　直线回归

直线回归

## 一、背景知识

### 1. 回归方程

设有两个直线回归变量 $x$ 和 $y$，其中 $x$ 为自变量，$y$ 为依变量。观测值有 $n$ 对数值，则

$y$ 对 $x$ 的直线回归方程为：

$$\hat{y} = a + bx \qquad (5-3)$$

式中，$\hat{y}$ 代表依变量 $y$ 的估计值；$b$ 代表直线的斜率，称为回归系数；$a$ 代表直线在 $y$ 轴上的截距，称为回归截距。

回归系数 $b$ 和回归截距 $a$ 的计算公式如下：

$$b = \frac{\sum xy - \sum x \sum y / n}{\sqrt{x^2 - \left(\sum x\right)^2 / n}} = \frac{SP_{xy}}{SS_x} \qquad (5-4)$$

$$a = \frac{\sum y - b \sum x}{n} = \bar{y} - b\bar{x} \qquad (5-5)$$

**2. 回归的显著性检验**

和相关分析一样，对由样本观测值建立的回归方程也要进行显著性检验，排除抽样误差的影响，确定两个变量确实有直线回归关系。

（1）对回归方程的 $F$ 检验。利用对平方和与自由度的剖分，可通过方差分析对回归方程做显著性检验。其中依变量的总平方和 $SS_T$ 可分解为误差平方和（离回归平方和）$SS_E$ 和回归平方和 $SS_R$，各项的计算公式分别为：

$$SS_E = \sum y^2 - \left(\sum y\right)^2 / n \qquad (5-6)$$

$$SS_R = b^2 SS_x \qquad (5-7)$$

总平方和对应的自由度是 $n-1$，回归平方和对应的自由度是 1，误差平方和对应的自由度是 $n-2$。

（2）对回归系数的 $t$ 检验。

假设 $H_0: \beta = 0$，$H_A: \beta \neq 0$。检验统计量：

$$t = \frac{b - \beta}{S_b} = \frac{b}{S_b} \qquad (5-8)$$

式中，$S_b$ 为回归系数的标准误，计算公式为：

$$S_b = \sqrt{\frac{SS_e}{(n-2)SS_x}} \qquad (5-9)$$

自由度 $df = n - 2$，$n$ 是观测值的对子数；查 $t$ 值表找出临界值，然后用计算得出的 $t$ 值的绝对值和临界值进行比较，从而做出统计推断。

**3. 决定系数**

决定系数是度量回归方程拟合程度好坏的指标，是依变量变异中可以由自变量解释的变异所占的比例，等于相关系数的平方，记为 $R^2$。

## 二、例题解析

【例 5-2】在对四川白鹅的生产性能研究中，测得雏鹅重与其 70 日龄重的数据如表 5-6 所示，试建立 70 日龄重（$y$）对雏鹅重（$x$）的直线回归方程。

表 5-6　四川白鹅的雏鹅重与 70 日龄重

| 编号 | 1 | 2 | 3 | 4 | 5 | 6 | 7 | 8 | 9 | 10 | 11 | 12 |
|---|---|---|---|---|---|---|---|---|---|---|---|---|
| 雏鹅重/g | 80 | 86 | 98 | 90 | 120 | 102 | 95 | 83 | 113 | 105 | 110 | 100 |
| 70 日龄重/g | 2350 | 2400 | 2720 | 2500 | 3150 | 2680 | 2630 | 2400 | 3080 | 2920 | 2960 | 2860 |

【解析】本题要建立两个变量之间的直线回归方程，属于线性回归的范畴，其中雏鹅重为自变量 $x$，70 日龄重为依变量 $y$；同时需要对方程及回归系数进行显著性检验，验证其是否存在直线回归关系，决定系数反映回归方程的拟合效果。

解题步骤如下：

（1）设定变量。设四川白鹅的雏鹅重为自变量 $x$，70 日龄重为依变量 $y$。

（2）列表计算（表 5-7）。

表 5-7　四川白鹅 70 日龄重对雏鹅重回归系数计算

| 编号 | 雏鹅重 $(x)$/g | 70 日龄重 $(y)$/g | $x'$ $x-100$ | $y'$ $y-2720$ | $x'y'$ | $x'^2$ | $y'^2$ |
|---|---|---|---|---|---|---|---|
| 1 | 80 | 2350 | $-20$ | $-370$ | 7400 | 400 | 136900 |
| 2 | 86 | 2400 | $-14$ | $-320$ | 4480 | 196 | 102400 |
| 3 | 98 | 2720 | $-2$ | 0 | 0 | 4 | 0 |
| 4 | 90 | 2500 | $-10$ | $-220$ | 2200 | 100 | 48400 |
| 5 | 120 | 3150 | 20 | 430 | 8600 | 400 | 184900 |
| 6 | 102 | 2680 | 2 | $-40$ | $-80$ | 4 | 1600 |
| 7 | 95 | 2630 | $-5$ | $-90$ | 450 | 25 | 8100 |
| 8 | 83 | 2400 | $-17$ | $-320$ | 5440 | 289 | 102400 |
| 9 | 113 | 3080 | 13 | 360 | 4680 | 169 | 129600 |
| 10 | 105 | 2920 | 5 | 200 | 1000 | 25 | 40000 |
| 11 | 110 | 2960 | 10 | 240 | 2400 | 100 | 57600 |
| 12 | 100 | 2860 | 0 | 140 | 0 | 0 | 19600 |
| 合计 | 1182 | 32650 | $-18$ | 10 | 36570 | 1712 | 831500 |
| 平均数 | 98.5 | 2720.83 | | | | | |

注：每个观测值减去一个常数，不影响回归系数的计算。

（3）计算回归系数，建立回归方程。

$$b_{yx} = \frac{\sum xy - \sum x \sum y / n}{\sqrt{x^2 - \left(\sum x\right)^2 / n}} = 21.712$$

$$a = \bar{y} - b\bar{x} = 582.185$$

回归方程为：

$$\hat{y} = 582.185 + 21.712x$$

（4）回归关系的显著性检验（F 检验）

无效假设 $H_0$：70 日龄重（$y$）对雏鹅重（$x$）不存在直线回归关系。

备择假设 $H_A$：70 日龄重（$y$）对雏鹅重（$x$）存在直线回归关系。

列方差分析表计算，如表 5-8 所示。

**表 5-8 四川白鹅 70 日龄重与雏鹅重直线回归关系方差分析**

| 变异原因 | SS | $df$ | MS | F |
|---|---|---|---|---|
| 回归 | 794342.075 | 1 | 794342.075 | 213.823** |
| 离回归 | 37149.592 | 10 | 3714.959 | |
| 总变异 | 831491.667 | 11 | | |

根据 $df_R=1$、$df_e=10$，查 F 值表得：$F_{0.01(1,10)}=10.04$。

因 $F=213.823>F_{0.01(1,10)}$，则 $P<0.01$，差异极显著，说明 70 日龄重（$y$）对雏鹅重（$x$）存在极显著的直线回归关系，所建立的回归方程是有统计学意义的。

（5）回归系数的显著性检验（t 检验）。

提出假设 $H_0$：$\beta=0$，$H_A$：$\beta\neq0$；$SS_e=37149.592$，$SS_x=1685$，$b=21.712$。

$$S_b=\sqrt{\frac{SS_e}{(n-2)\,SS_x}}=\sqrt{\frac{37149.592}{10\times1685}}=1.485$$

$$t=\frac{b}{S_b}=\frac{21.712}{1.485}=14.621$$

自由度 $df=n-2=12-2=10$，查 t 值表得 $t_{(0.01,10)}=3.169$，由于 $|t|=14.621>t_{(0.01,10)}$，则 $P<0.01$，差异极显著，说明 70 日龄重（$y$）对雏鹅重（$x$）存在极显著的直线回归关系，回归系数 $b$ 具有统计学意义。

## 三、Excel 操作

### （一）回归

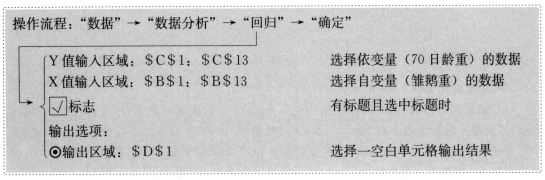

（1）输入数据（输成 2 列，标题分别为"雏鹅重"和"70 日龄重"），单击"数据"→"数据分析"→"回归"，单击"确定"按钮，如图 5-6 所示。

（2）"Y 值输入区域"选定依变量数据，"X 值输入区域"选定自变量数据，勾选"标志"复选框（可选项），选择一个空白单元格输出分析结果，单击"确定"按钮，如图 5-7 所示。

| 编号 | 雏鹅重 | 70日龄体重 |
| --- | --- | --- |
| 1 | 80 | 2350 |
| 2 | 86 | 2400 |
| 3 | 98 | 2720 |
| 4 | 90 | 2500 |
| 5 | 120 | 3150 |
| 6 | 102 | 2680 |
| 7 | 95 | 2630 |
| 8 | 83 | 2400 |
| 9 | 113 | 3080 |
| 10 | 105 | 2920 |
| 11 | 110 | 2960 |

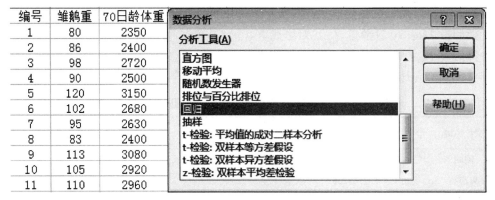

图 5-6　回归程序的选择

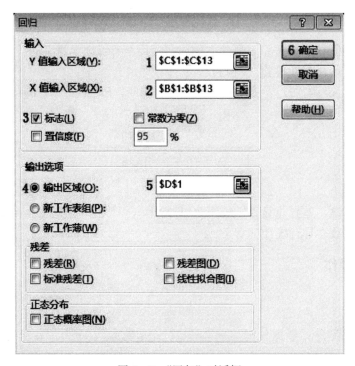

图 5-7　"回归"对话框

（3）结果输出如图 5-8 所示。

（4）结果判定。"回归统计"表格中的 R Square 值（决定系数 $R^2$）表示回归方程的拟合度；"方差分析"表格中的 Significance F（P 值）≤0.05 表示回归方程有统计学意义（两个变量确实存在直线回归关系）；最后一个表格 Coefficients 列是回归方程的系数：Intercept 值为常数 $a$，雏鹅重（自变量 $x$）行所对应的是回归系数 $b$，其 P - value（P 值）≤0.05 说明回归系数有统计学意义。

【解答】本题决定系数 $R^2$ 为 0.955，说明方程的拟合度很好；回归截距 $a=582.185$；回归系数 $b=21.712$，其 P（$4.47×10^{-8}$）<0.01，差异极显著，说明 70 日龄重与雏鹅重两个变量之间存在极显著的直线回归关系；回归方程为：$y=21.712x+582.185$。

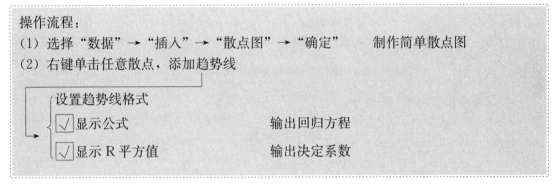

| 回归统计 | | 方差分析 | | | | | |
|---|---|---|---|---|---|---|---|
| Multiple | 0.977404 | | df | SS | MS | F | Significance F |
| R Square | 0.955319 | 回归分析 | 1 | 794339.599 | 794339.6 | 213.8076 | 4.46655E-08 |
| Adjusted | 0.950851 | 残差 | 10 | 37152.0673 | 3715.207 | | |
| 标准误差 | 60.9525 | 总计 | 11 | 831491.667 | | | |
| 观测值 | 12 | | | | | | |

| | Coefficients | 标准误差 | t Stat | P-value | Lower 95% | Upper 95% |
|---|---|---|---|---|---|---|
| Intercept | 582.1849654 | 147.3153 | 3.951965 | 0.002722 | 253.945966 | 910.42396 |
| 雏鹅重 | 21.71216617 | 1.484881 | 14.62216 | 4.47E-08 | 18.403646 | 25.020686 |

图 5-8 回归结果输出

## （二）散点图

操作流程：
(1) 选择"数据"→"插入"→"散点图"→"确定"　　　制作简单散点图
(2) 右键单击任意散点，添加趋势线

设置趋势线格式
☑ 显示公式　　　　　　　　　　输出回归方程
☑ 显示 R 平方值　　　　　　　　输出决定系数

（1）将数据输成两列，自变量需在依变量的左侧（若将数据输成两行，则自变量应在依变量的上方），选中两列所有数据，选择"插入"→"散点图"，如图 5-9 所示。

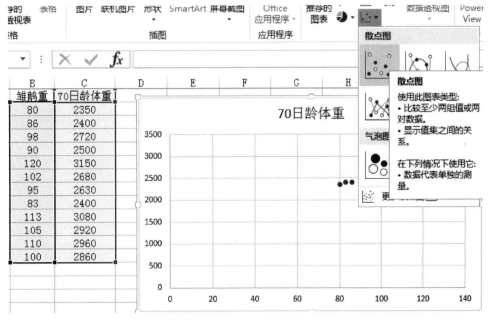

图 5-9 插入散点图

（2）鼠标右键单击任意一个散点，添加趋势线，在屏幕右侧的"设置趋势线格式"对话框中勾选"显示公式"和"显示 R 平方值"的复选框，如图 5-10 所示。

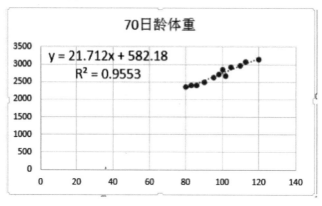

图 5-10　添加趋势线

（3）结果输出如图 5-11 所示。

图 5-11　回归分析输出结果

（4）结果判定。图中输出的是回归方程，$x$ 的系数是回归系数 $b$，加号后的常数是回归截距 $a$；第二行 $R^2$ 是决定系数，表示回归方程的拟合度。

【解答】本题决定系数 $R^2=0.955$，回归系数 $b=21.712$，回归截距 $a=582.185$，回归方程为：$y=21.712x+582.18$。

## 四、SPSS 操作

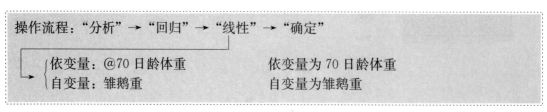

操作流程："分析"→"回归"→"线性"→"确定"

依变量：@70 日龄体重　　　　依变量为 70 日龄体重
自变量：雏鹅重　　　　　　　自变量为雏鹅重

（1）输入数据（每个指标数据占1列，共2列），在变量视图下修改变量名（"雏鹅重"和"@70日龄体重"），回到数据视图单击"分析"→"回归"→"线性"，如图5-12所示。

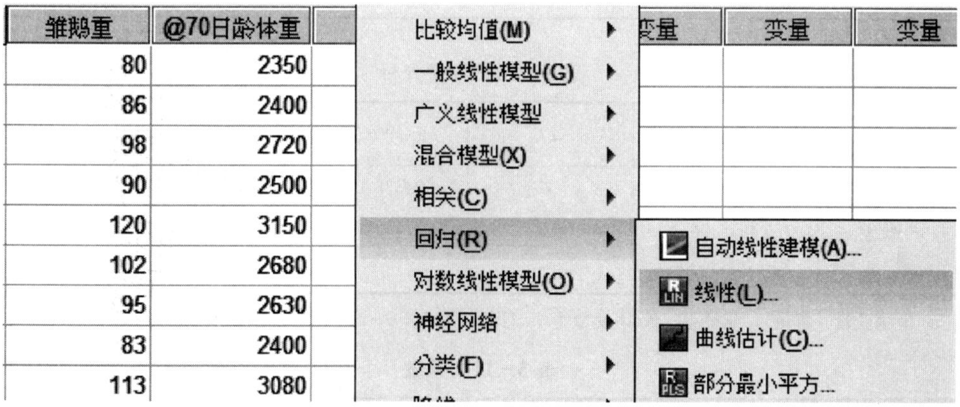

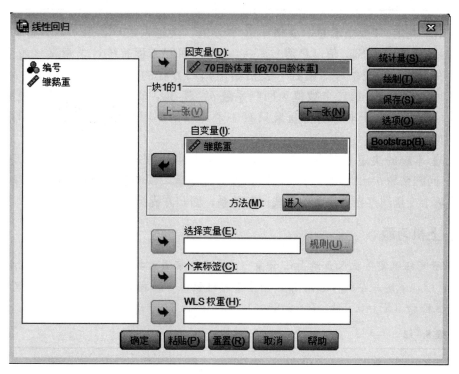

图5-12 线性回归程序的选择

（2）将依变量"70日龄体重"从左侧的备选框选到"因变量"框内，将自变量"雏鹅重"从左侧的备选框选到右侧的"自变量"框中，单击"确定"按钮，如图5-13所示。

图5-13 "线性回归"对话框

（3）结果输出如表5-9、表5-10和表5-11所示。

**表 5 – 9 模型汇总**

| 模型 | $R$ | $R^2$ | 调整 $R^2$ | 标准估计的误差 |
|---|---|---|---|---|
| 1 | 0.977[a] | 0.955 | 0.951 | 60.952 |

**表 5 – 10 方差分析**

| 模型 | | 平方和 | $df$ | 均方 | $F$ | Sig. |
|---|---|---|---|---|---|---|
| | 回归 | 794339.599 | 1 | 794339.599 | 213.808 | 0.000[a] |
| 1 | 残差 | 37152.067 | 10 | 3715.207 | | |
| | 总计 | 831491.667 | 11 | | | |

注：a. 预测变量（常量），雏鹅重；b. 因变量为 70 日龄体重。

**表 5 – 11 系数**

| 模型 | | 非标准化系数 | | 标准系数 | $t$ | Sig. |
|---|---|---|---|---|---|---|
| | | $B$ | 标准误差 | 试用版 | | |
| 1 | （常量） | 582.185 | 147.315 | | 3.952 | 0.003 |
| | 雏鹅重 | 21.712 | 1.485 | 0.977 | 14.622 | 0.000 |

（4）结果判定。"模型汇总"表格中 $R$ 平方值（决定系数）表示回归方程的拟合度；"方差分析"表格中的 Sig. 值（$P$ 值）$\leq 0.05$ 说明回归方程有统计学意义（两个变量之间确实存在直线回归关系）；"系数"表格给出回归方程的系数和常数，"$B$"列的第一个数值为回归截距 $a$，第二个数值为回归系数 $b$，其 Sig. 值（$P$ 值）$\leq 0.05$ 说明回归系数有统计学意义。由于本题的自变量只有一个，故而回归方程的 $P$ 值和回归系数的 $P$ 值是相同的。

【解答】本题的决定系数 $R$ 平方值为 0.955，说明方程的拟合度很好；回归截距 $a=$ 582.185，回归系数 $b=21.712$，$P<0.01$，差异极显著，说明其有统计学意义，70 日龄重和雏鹅重两个变量间存在极显著的直线回归关系；回归方程为：$y=21.712x+582.185$。

## 五、上机习题

1. 某研究组测定羊抗人血清 IgG 含量（$\mu g/\mu L$）常用对数值与沉淀圈直径（mm）的对数见表 5 – 12，试建立羊抗人血清 IgG 含量常用对数值对沉淀圈直径对数值的回归方程，并进行显著性检验（$R^2=0.991$，$P=2.85\times10^{-5}$，$y=0.328x+0.577$）。

**表 5 – 12**

| 羊抗人血清 IgG 对数 | 0.6532 | 0.7404 | 0.8129 | 0.9294 | 1.0607 | 1.1303 |
|---|---|---|---|---|---|---|
| 沉淀圈直径对数 | 0.1931 | 0.4942 | 0.7959 | 1.0969 | 1.3979 | 1.6990 |

2. 测定配合饲料中总磷含量的资料如表 5 – 13 所示，试绘制磷标准曲线和回归方程，

并计算当吸光度（OD 值）为 0.213 和 0.239 时总磷的含量（$R^2 = 1.000$，$P = 5.30 \times 10^{-9}$，$y = 584.742x - 0.805$）。

**表 5 - 13**

| 容量瓶序号 | 1 | 2 | 3 | 4 | 5 | 6 |
|---|---|---|---|---|---|---|
| 磷含量/$\mu$g | 0 | 50 | 100 | 200 | 400 | 800 |
| 吸光度（OD） | 0 | 0.087 | 0.176 | 0.348 | 0.675 | 1.373 |

# 项目六 常见的试验设计方法

## 一、试验设计的概念

试验设计是运用统计学的知识来指导制订试验计划。广义的试验设计是指在试验工作进行之前，对整个试验计划的拟定，包括课题名称、试验目的、研究依据、研究内容及预期达到的结果、试验方案、试验结果的分析、已有的试验条件、需要购置的仪器设备、参加研究人员的分工、试验进度安排、成果鉴定和学术论文的撰写等内容；狭义的试验设计是指试验单位的选择、分组及重复数目的确定。

## 二、试验设计的原则

**1. 重复**（第一原则）

重复是同一处理实施在两个或两个以上的试验单位上。生物统计是用样本统计量来估计总体参数，重复试验是最基本的原则，重复的作用主要有两个：①为随机误差方差的估计提供可能；②提高试验的精确度，降低试验误差。

**2. 随机化**（第二原则）

随机化是指将各个试验单元完全随机地分配在各个处理中。随机化的作用主要有两个：一是平衡客观因子的影响，降低系统误差；二是保证对随机误差的无偏估计。

**3. 局部控制**（第三原则）

局部控制指的是在试验过程中，采取各种技术措施，控制和减少非试验因素对试验结果的影响，使试验误差降到最小。

除了以上 3 个原则外，另一个要遵守的原则是平衡性，即在试验规模一定的情况下，应尽量使各个处理内的重复数相等，从而使检验效率达到最大。

## 任务一 完全随机设计

完全随机设计

完全随机设计是将所有试验单元完全随机地分配到各个处理中，使得每个试验单元都有相同的机会接受某个处理。

## 一、例题解析

【**例 6 - 1**】现有同品种、同性别、同年龄、体重相近的健康仔猪 18 头，试用完全随机的方法将其分为甲、乙两组。

解题步骤如下：

（1）编号。先将仔猪按原始体重由小到大依次编为 1～18 号。

（2）确定随机数字。从随机数字表中随机确定一个起点和读取的方向，连续抄下 18 个随机数字，分别代表 18 头仔猪。

（3）试验动物分组。规定随机数为奇数其所对应的仔猪分到甲组，随机数为偶数（包含 0）则分配到乙组，分组结果见表 6-1 所示。

表 6-1 完全随机试验设计两个处理分组结果

| 动物编号 | 1 | 2 | 3 | 4 | 5 | 6 | 7 | 8 | 9 |
|---|---|---|---|---|---|---|---|---|---|
| 随机数字 | 16 | 07 | 44 | 99 | 83 | 11 | 46 | 32 | 24 |
| 组别 | 乙 | 甲 | 乙 | 甲 | 甲 | 甲 | 乙 | 乙 | 乙 |
| 动物编号 | 10 | 11 | 12 | 13 | 14 | 15 | 16 | 17 | 18 |
| 随机数字 | 20 | 14 | 85 | 88 | 45 | 10 | 93 | 72 | 88 |
| 组别 | 乙 | 乙 | 甲 | 乙 | 甲 | 乙 | 甲 | 乙 | 乙 |

随机分组结果为：

甲组：2　　4　　5　　6　　12　　14　　16

乙组：1　　3　　7　　8　　9　　10　　11　　13　　15　　17　　18

（4）分组调整。对分配不均的组别进行调整，使各组的仔猪头数相等。在前面 18 个随机数字后再接着向下抄录 2 个随机数字（71、23），分别用 11（需调整的乙组仔猪头数）、10（调整过一只仔猪后乙组仔猪的头数）去除，余数为 5、3，则把乙组的第 5 头仔猪（9号）和余下 10 头的第 3 头仔猪（7号）调整到甲组。

调整后两组的仔猪编号为：

甲组：2　　4　　5　　6　　7　　9　　12　　14　　16

乙组：1　　3　　8　　10　　11　　13　　15　　17　　18

## 二、试验结果的统计分析

当处理数为 2 时，采用独立样本 T 检验；当处理数≥3 时，采用单因素方差分析。

## 三、主要优缺点及注意事项

### 1. 主要优点

（1）简单灵活，处理数和重复数都不受限制，可以充分利用所有的试验单元。

（2）在进行方差分析时，随机误差的自由度多于处理数和重复数相同的其他试验设计，增加了检验的灵敏度。

（3）如果在试验过程中有试验单元缺失，信息的损失小于其他设计。

**2. 主要缺点**

没有应用局部控制的原则，当存在干扰因子时，试验误差尤其是随机误差会因此而增大，降低检验的功效。

**3. 注意事项**

在试验条件、环境、试验对象之间的个体差异较大时，不宜采用这种设计方法。

## 四、上机习题

1. 现有 30 头试验动物，随机地分为 3 组进行试验，请用完全随机设计进行分组。
2. 现有同类型的成年牛 16 头，请用完全随机的方法将其分为甲、乙两组。

任务二　配对设计

配对设计

配对设计是指将试验对象按照配对条件进行两两配对，然后将每一对内的两个试验对象随机地分配到两组中接受不同的处理。

### 一、例题解析

【例 6 - 2】用配对设计法设计一个重复数为 8 的仔猪饲养对比试验。

解题步骤如下：

（1）试验动物编号。首先在仔猪中选择性别相同、体重相近的 8 对仔猪，进行配对编号（1～8）和仔猪标记（Ⅰ、Ⅱ）。

（2）确定随机数字。从随机数字表中的任意位置开始，按一定的方向抄下 8 个数字，依次排在配对编号下。

（3）试验动物分组。若随机数为奇数，则该对仔猪中的第一头（Ⅰ）分入甲组，另一头仔猪（Ⅱ）归入乙组；若随机数为偶数，则该对仔猪中的第一头分入乙组，而另一头仔猪归入甲组。

具体分组结果见表 6 - 2。

表 6 - 2　配对设计分组结果

| 配对编号 | 1 | | 2 | | 3 | | 4 | | 5 | | 6 | | 7 | | 8 | |
|---|---|---|---|---|---|---|---|---|---|---|---|---|---|---|---|---|
| 仔猪编号 | Ⅰ | Ⅱ | Ⅰ | Ⅱ | Ⅰ | Ⅱ | Ⅰ | Ⅱ | Ⅰ | Ⅱ | Ⅰ | Ⅱ | Ⅰ | Ⅱ | Ⅰ | Ⅱ |
| 随机数字 | 32 | | 44 | | 09 | | 47 | | 27 | | 96 | | 54 | | 49 | |
| 组别 | 乙 | 甲 | 乙 | 甲 | 甲 | 乙 | 甲 | 乙 | 甲 | 乙 | 乙 | 甲 | 乙 | 甲 | 甲 | 乙 |

（4）分配处理。最后用抽签或抓阄的方式将分好的两组动物随机确定其所接受的处理。

### 二、试验结果的统计分析

配对设计采用配对样本 T 检验分析。

### 三、主要优缺点及注意事项

**1. 主要优点**

对试验动物的条件进行了限制，降低了试验误差，提高了试验的精确性，试验结果的统计分析简单。

**2. 主要缺点**

配对设计只适用于两个处理的试验，另外，受试动物的选择也受到配对条件的限制。

**3. 注意事项**

自身配对主要适用于短期试验，需时较长的试验不宜采用。

### 四、上机习题

1. 用配对设计法设计一个重复数为 7 的猪饲养对比试验。

2. 用配对设计法设计一个重复数为 10 的羊饲养对比试验。

## 任务三　随机单位组设计

随机单位组设计

根据局部控制的原则，先将同窝、同性别、体重基本相同的试验动物划归一个单位组，每一单位组内的动物数等于处理数，然后将各单位组的试验动物随机分入各处理组，再按组实施不同处理的设计称为随机单位组设计。

### 一、例题解析

【例 6-3】欲比较 4 种不同饲料配方对仔猪增重的影响，现取 5 窝同期的仔猪，每窝选取性别相同、体重相近的仔猪各 4 头，采用随机单位组设计将 20 头仔猪分组后进行试验。

解题步骤如下：

（1）确定单位组数。本例中有 4 个处理，每个单位组需包含 4 头仔猪，则单位组数为 20/4＝5 组。

（2）试验动物编号。将仔猪按体重大小依次编号，1～4 号为第 I 组，5～8 号为第 II 组，9～12 号为第 III 组，13～16 号为第 IV 组，17～20 号为第 V 组。

（3）确定随机数字。从随机数字表中任意位置开始按一定方向抄下 15 个随机数字，每个单位组内填入 3 个，留一空位。

（4）试验动物分组。将同一单位组中的 3 个随机数字依次除以 4、3、2，分别写下余数，按余数确定每头动物的组别，其设计过程见表 6-3。

表 6-3　四种饲料对仔猪增重影响随机单位组设计表

| 单位组号 | I | | | | II | | | | III | | | | IV | | | | V | | | |
|---|---|---|---|---|---|---|---|---|---|---|---|---|---|---|---|---|---|---|---|---|
| 动物编号 | 1 | 2 | 3 | 4 | 5 | 6 | 7 | 8 | 9 | 10 | 11 | 12 | 13 | 14 | 15 | 16 | 17 | 18 | 19 | 20 |
| 随机数学 | 15 | 50 | 75 | | 25 | 71 | 38 | | 68 | 58 | 95 | | 98 | 56 | 85 | | 99 | 83 | 21 | |

（续）

| 单位组号 | I | | | | II | | | | III | | | | IV | | | | V | | | |
|---|---|---|---|---|---|---|---|---|---|---|---|---|---|---|---|---|---|---|---|---|
| 除数 | 4 | 3 | 2 | — | 4 | 3 | 2 | — | 4 | 3 | 2 | — | 4 | 3 | 2 | — | 4 | 3 | 2 | — |
| 余数 | 3 | 2 | 1 | — | 1 | 2 | 2 | — | 4 | 1 | 1 | — | 2 | 2 | 1 | — | 3 | 2 | 1 | — |
| 组别 | C | B | A | D | A | C | D | B | D | A | B | C | B | C | A | D | C | B | A | D |

分组结果如表 6-4 所示。

表 6-4　四种饲料对仔猪增重影响试验随机单位组设计动物分组

| 饲料 | 单位组 | | | | |
|---|---|---|---|---|---|
| | I | II | III | IV | V |
| A | 3 | 5 | 10 | 15 | 19 |
| B | 2 | 8 | 11 | 13 | 18 |
| C | 1 | 6 | 12 | 14 | 17 |
| D | 4 | 7 | 9 | 16 | 20 |

## 二、试验结果的统计分析

随机单位组设计的试验结果采用方差分析，将单位组当作一个因素，按两因素无重复的方差分析进行检验。

## 三、主要优缺点及注意事项

### 1. 主要优点

将条件一致的试验动物编入同一单位组，随机分配到不同处理组中，各处理组间的可比性更强；应用了局部控制的原则，可以降低误差平方和，提高检验的灵敏度。

### 2. 主要缺点

当试验处理数较多时，各单位组的试验动物数也会过多，选择初始条件一致的试验动物难度较大。

### 3. 注意事项

单位组设计的基本原则是组间差异越大越好，组内差异越小越好。若单位组因素与试验因素间存在交互作用，则试验误差增大，精确性降低。

## 四、上机习题

1. 欲比较 4 种不同的饲料配方对仔猪增重的影响，考虑仔猪个体差异和不同窝间环境差异，采用随机单位组设计，取 5 窝同期的仔猪，每窝选取体重相近、性别相同的 4 头仔猪作为一个单位组，每头猪随机饲喂一种饲料，增重结果如表 6-5 所示，试进行统计分析。

表 6 - 5

单位：kg

| 窝组 | 饲料 | | | |
|---|---|---|---|---|
| | $A$ | $B$ | $C$ | $D$ |
| 1 | 16.2 | 14.8 | 15.5 | 14.6 |
| 2 | 16.0 | 14.0 | 18.3 | 17.2 |
| 3 | 15.5 | 13.0 | 14.8 | 11.8 |
| 4 | 14.0 | 12.5 | 14.5 | 13.0 |
| 5 | 12.9 | 11.5 | 13.7 | 11.5 |

2. 设有 18 头受试猪，饲喂 3 种不同中草药添加剂的饲料 $A_1$、$A_2$、$A_3$，每组 6 头，比较不同中草药添加剂对猪增重的影响，试进行随机单位组设计。

## 任务四　拉丁方设计

拉丁方设计

拉丁方是以拉丁字母排列的一个方阵，每个字母在每一行和每一列出现且仅出现 1 次。例如：

3×3 阶标准拉丁方

A  B  C
B  C  A
C  A  B

4×4 阶标准拉丁方

A  B  C  D
B  A  D  C
C  D  B  A
D  C  A  B

5×5 阶标准拉丁方

A  B  C  D  E
B  A  E  C  D
C  D  A  E  B
D  E  B  A  C
E  C  D  B  A

拉丁方设计是从横行和直列两个方向进行双重局部控制，使得横行和直列两个方向都成区组，又称双向随机单位组设计。

### 一、例题解析

【例 6 - 4】为了研究 5 种不同饲料配方对奶牛产奶量的影响，选用 5 头同一胎次、产犊日期相近的母牛，考察 5 个泌乳阶段，每头牛在不同的泌乳阶段饲喂不同配方的饲料，试采用拉丁方设计法设计试验方案。

解题步骤如下：

（1）选择标准拉丁方。因试验因素饲料的处理数为 5，奶牛个体数作为直列单位组因素组数为 5，泌乳阶段作为横行单位组因素组数亦为 5，故应选取 5×5 阶拉丁方。

（2）随机排列。将 1、2、3、4、5 五个数进行无放回的随机抽签，按抽签的结果进行列随机重排；然后再次抽签，按结果进行行随机重排。结果如下：

| | | | | | | | | | | | | | | | | | | | | | | | |
|---|---|---|---|---|---|---|---|---|---|---|---|---|---|---|---|---|---|---|---|---|---|---|---|
| A | B | C | D | E | 1 | | C | B | A | D | E | 1 | | E | A | B | C | D | 2 |
| B | A | E | C | D | 2 | | E | A | B | C | D | 2 | | D | C | E | B | A | 5 |
| C | D | A | E | B | 3 | → | A | D | C | E | B | 3 | → | B | E | D | A | C | 4 |
| D | E | B | A | C | 4 | | B | E | D | A | C | 4 | | A | D | C | E | B | 3 |
| E | C | D | B | A | 5 | | D | C | E | B | A | 5 | | C | B | A | D | E | 1 |
| 1 | 2 | 3 | 4 | 5 | | | 3 | 2 | 1 | 4 | 5 | | | 3 | 2 | 1 | 4 | 5 |

标准拉丁方　　　　　　　列随机重排　　　　　　　行随机重排

处理重排：用1、2、3、4、5五个数抽签，按抽签的顺序将5种饲料配方分配给拉丁方中的字母，即 A＝配方5，B＝配方1，C＝配方3，D＝配方4，E＝配方2。

最终5×5拉丁方设计结果如表6-6所示。

表6-6　五种不同饲料对奶牛产奶量影响的拉丁方设计

| 泌乳阶段 | 乳牛 | | | | |
|---|---|---|---|---|---|
| | 一 | 二 | 三 | 四 | 五 |
| Ⅰ | E | A | B | C | D |
| Ⅱ | D | C | E | B | A |
| Ⅲ | B | E | D | A | C |
| Ⅳ | A | D | C | E | B |
| Ⅴ | C | B | A | D | E |

## 二、试验结果的统计分析

拉丁方设计的试验结果在统计分析时可以看作无重复的三因素方差分析，不考虑因素间的交互作用。

## 三、主要优缺点及注意事项

### 1. 主要优点

采用了双重的局部控制，可以消除或者减小两个干扰因子的影响，提高了检验的灵敏度。拉丁方设计的行与列皆为单位组，可以用较少的重复次数获得较多的信息。

### 2. 主要缺点

拉丁方设计的横行单位组数、直列单位组数、试验处理数与试验处理的重复数必须相等，使处理数受到明显的限制。尤其在处理数较多时，不易安排合适的单位组。

### 3. 注意事项

拉丁方设计的横行、直列单位组因素与试验因素间不能存在交互作用，处理数最好为5～8，若处理数小于5时，误差自由度小于12，检验的灵敏度很低，此时可以采用"重复拉丁方设计"，如6次3×3拉丁方试验、2次4×4拉丁方试验。

### 四、上机习题

1. 研究 5 个不同温度对蛋鸡产蛋量的影响，在 5 栋鸡舍来进行试验，需考虑不同鸡舍和不同产蛋期对产蛋量的影响，故采用 5×5 拉丁方设计，试验结果如表 6-7 所示。表中，$A$ 代表第 3 种温度，$B$ 代表第 4 种温度，$C$ 代表第 5 种温度，$D$ 代表第 2 种温度，$E$ 代表第 1 种温度。试进行方差分析。

表 6-7 试验结果

| 产蛋期 | 鸡舍 | | | | |
|---|---|---|---|---|---|
| | I | II | III | IV | V |
| 一 | D：23 | E：21 | A：24 | B：21 | C：19 |
| 二 | A：22 | C：20 | E：20 | D：21 | B：22 |
| 三 | E：20 | A：25 | B：26 | C：22 | D：23 |
| 四 | B：25 | D：22 | C：25 | E：21 | A：23 |
| 五 | C：19 | B：20 | D：24 | A：22 | E：19 |

2. 为了研究 4 种不同温度对蛋鸡产蛋量的影响，将 4 栋鸡舍的温度设为 $A$、$B$、$C$、$D$，将鸡群的产蛋期分为 4 期，考虑鸡群和产蛋期对产蛋量的影响，请设计一个温度对产蛋量影响的试验。

## 任务五　正交设计

正交设计

正交设计是利用正交表来安排与分析多因素试验的一种设计方法，它是从多因素试验的全部水平组合中，挑选部分有代表性的水平组合进行试验，通过对部分试验结果分析了解全面试验的情况，找出最优水平组合。例如 $L_9(3^4)$ 正交表，$L$ 代表正交表，下标 9 是行数，代表水平组合数；3 是因子的水平数，上标 4 是列数，表示正交表最多可以安排的因子数。对于 3 因素 3 水平的试验，利用 $L_9(3^4)$ 正交表可以从 27 个水平组合中挑选出 9 个具有代表性的水平组合，即（1）$A_1B_1C_1$、（2）$A_1B_2C_2$、（3）$A_1B_3C_3$、（4）$A_2B_1C_2$、（5）$A_2B_2C_3$、（6）$A_2B_3C_1$、（7）$A_3B_1C_3$、（8）$A_3B_2C_1$、（9）$A_3B_3C_2$，如图 6-1 所示。

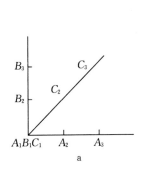
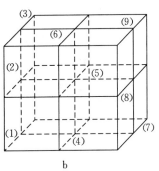

图 6-1　3 因素 3 水平试验和均衡分布立体

a. 3 因素 3 水平　b. 均衡分布立体图

## 一、例题解析

【例 6-5】在考察维生素对肉用仔鸡补饲试验中，考虑维生素 $B_1$、维生素 $B_2$ 和维生素 $B_6$ 三个因素，每个因素都有 3 个水平，设计一个正交试验方案。

解题步骤如下：

1. 确定因素水平，列出因素水平（表 6-7）

**表 6-7　肉用仔鸡补饲维生素试验因素水平**

| 水平 | 因素 | | |
| --- | --- | --- | --- |
| | 维生素 $B_1$（A） | 维生素 $B_2$（B） | 维生素 $B_6$（C） |
| 1 | 3.0 | 3.0 | 4.0 |
| 2 | 4.0 | 5.0 | 6.0 |
| 3 | 5.0 | 7.0 | 8.0 |

（2）选用合适的正交表。选用正交表的原则是既要能安排下试验的全部因素（含交互作用），又要使水平组合数最少。一般情况下，试验因素的水平数应等于正交表的水平数，因素（含交互作用）应不大于正交表的列数。各因素及交互作用的自由度之和要小于正交表的总自由度，以便估计试验误差；若各因素及交互作用的自由度之和等于正交表的总自由度，需采用重复正交试验来估计试验误差。

本题为 3 因素 3 水平的试验，不考虑交互作用，则各因素自由度之和为（3−1）×3＝6，小于 $L_9(3^4)$ 正交表的总自由度 $df=9-1=8$，故可以选用 $L_9(3^4)$ 正交表来安排试验方案。

（3）表头设计。表头设计是把要考察的因素和交互作用安排在正交表表头合适的列上。若不考察交互作用，各因素可以随机安排在各列上；若考察交互作用，则需按照交互作用列表来安排各因素与交互作用。

本题不考虑交互作用，可将维生素 $B_1$（A）、维生素 $B_2$（B）、维生素 $B_6$（C）依次安排在正交表的 1、2、3 列上，第 4 列为空列，如表 6-9 所示。

**表 6-9　表头设计**

| 列号 | 1 | 2 | 3 | 4 |
| --- | --- | --- | --- | --- |
| 因素 | A | B | C | 空 |

（4）制订试验方案。将正交表中代表各因素水平的数字替换成该因素的实际水平即得到正交试验方案，如表 6-10 所示。

**表 6-10　肉用仔鸡补饲维生素试验方案**

| 处理 | 因素 | | |
| --- | --- | --- | --- |
| | A | B | C |
| | 1 | 2 | 3 |
| 1 | 3.0（1） | 3.0（1） | 4.0（1） |
| 2 | 3.0（1） | 5.0（2） | 6.0（2） |

（续）

| 处理 | 因素 A 1 | 因素 B 2 | 因素 C 3 |
|---|---|---|---|
| 3 | 3.0 (1) | 7.0 (3) | 8.0 (3) |
| 4 | 4.0 (2) | 3.0 (1) | 6.0 (2) |
| 5 | 4.0 (2) | 5.0 (2) | 8.0 (3) |
| 6 | 4.0 (2) | 7.0 (3) | 4.0 (1) |
| 7 | 5.0 (3) | 3.0 (1) | 8.0 (3) |
| 8 | 5.0 (3) | 5.0 (2) | 4.0 (1) |
| 9 | 5.0 (3) | 7.0 (3) | 6.0 (2) |

## 二、试验结果的统计分析

正交试验分为无重复观测值和有重复观测值正交试验两种，采用多因素方差分析。

**1. 试验结果计算**（表 6-11）

表 6-11 正交试验结果计算

| 处理 | 因素 A | 因素 B | 因素 C | 空列 | 增重/g |
|---|---|---|---|---|---|
| 1 | 1 | 1 | 1 | | 30.3 ($x_1$) |
| 2 | 1 | 2 | 2 | | 46.2 ($x_2$) |
| 3 | 1 | 3 | 3 | | 41.8 ($x_3$) |
| 4 | 2 | 1 | 2 | | 54.1 ($x_4$) |
| 5 | 2 | 2 | 3 | | 58.5 ($x_5$) |
| 6 | 2 | 3 | 1 | | 48.2 ($x_6$) |
| 7 | 3 | 1 | 3 | | 69.3 ($x_7$) |
| 8 | 3 | 2 | 1 | | 86.9 ($x_8$) |
| 9 | 3 | 3 | 2 | | 83.1 ($x_9$) |
| $T_1$ | 118.3 | 153.7 | 165.4 | | 518.4 ($T$) |
| $T_2$ | 160.8 | 191.6 | 183.4 | | |
| $T_3$ | 239.3 | 173.1 | 169.6 | | |
| $\bar{x}_1$ | 39.433 | 51.233 | 55.133 | | |
| $\bar{x}_2$ | 53.600 | 63.867 | 61.133 | | |
| $\bar{x}_3$ | 79.767 | 57.700 | 56.533 | | |

$T_i$ 为各因素某水平试验指标（仔鸡增重）之和，例如：

$A$ 因素第 1 水平：$T_1 = x_1 + x_2 + x_3 = 30.3 + 46.2 + 41.8 = 118.3$

$A$ 因素第 2 水平：$T_2 = x_4 + x_5 + x_6 = 54.1 + 58.5 + 48.2 = 160.8$

$A$ 因素第 3 水平：$T_3 = x_7 + x_8 + x_9 = 69.3 + 86.9 + 83.1 = 239.3$

同理可求得 $B$、$C$ 因素各水平试验指标之和。

$\bar{x}_i$ 为各因素某水平试验指标的平均数，例如：

$A$ 因素第 1 水平：$\bar{x}_1 = 118.3/3 = 39.433$

$A$ 因素第 2 水平：$\bar{x}_2 = 160.8/3 = 53.600$

$A$ 因素第 3 水平：$\bar{x}_3 = 239.3/3 = 79.767$

同理可求得 $B$、$C$ 因素各水平试验指标的平均数。

**2. 方差分析**（表 6-12）

**表 6-12　正交试验方差分析**

| 变异来源 | SS | $df$ | MS | F | $F_{0.05(2,2)}$ |
|---|---|---|---|---|---|
| 维生素 $B_1$（$A$） | 2512.167 | 2 | 1256.083 | 41.044* | 19.000 |
| 维生素 $B_2$（$B$） | 239.447 | 2 | 119.723 | 3.912 | |
| 维生素 $B_6$（$C$） | 59.120 | 2 | 29.560 | 0.966 | |
| 误差 | 61.207 | 2 | 30.603 | | |
| 总变异 | 2871.941 | 8 | | | |

方差分析结果表明：维生素 $B_1$（因素 $A$）不同水平间的仔鸡增重差异显著（用一个 * 表示），其他因素对仔鸡增重的影响差异不显著。

### 三、上机操作

输入数据（在数据视图下将所有数据输入到 1 列），在变量视图下修改变量名为"仔鸡增重"，增加三个分组变量（$A$、$B$ 和 $C$，分别代表维生素 $B_1$、维生素 $B_2$ 和维生素 $B_6$），在对应的"值标签"对话框中定义因素的种类，全部添加完成后单击"确定"按钮，回到数据视图输入分组变量的数据，如图 6-2 所示。

| | 仔鸡增重 | A | B | C |
|---|---|---|---|---|
| 1 | 30.3 | 1 | 1 | 1 |
| 2 | 46.2 | 1 | 2 | 2 |
| 3 | 41.8 | 1 | 3 | 3 |
| 4 | 54.1 | 2 | 1 | 2 |
| 5 | 58.5 | 2 | 2 | 3 |
| 6 | 48.2 | 2 | 3 | 1 |
| 7 | 69.3 | 3 | 1 | 3 |
| 8 | 86.9 | 3 | 2 | 1 |
| 9 | 83.1 | 3 | 3 | 2 |

图 6-2　肉用仔鸡补饲维生素试验数据的录入

操作流程:

"分析" → "一般线性模型" → "单变量" → "确定"

因变量:仔鸡增重    检验变量为仔鸡增重

固定因子:A、B、C    分组变量为维生素 $B_1$、维生素 $B_2$ 和维生素 $B_6$

模型:⊙设定 类型:主效应    研究因素的主效应

模型:A、B、C→继续

选项:☑方差同质性检验→继续 进行方差齐性检验

(1) 单击"分析"→"一般线性模型"→"单变量",如图 6-3 所示。

图 6-3 单变量程序选择

(2) 将试验指标"仔鸡增重"从左侧备选变量框选到右侧的"因变量"框,将分组变量(A、B、C)从左侧备选变量框选到右侧的"固定因子"框,如图 6-4 所示。

(3) 单击"模型"按钮,在"指定模型"项中选择"设定"单选项,"构建项"→"类型"下修改为"主效应",将"因子与协变量"框中的 3 个因变量(A、B、C)选到右侧"模型"框中,单击"继续"按钮,如图 6-5 所示。

(4) 单击"选项"按钮,勾选"方差齐性检验"复选框,单击"继续",再单击"确定"按钮,如图 6-6 所示。

(5) 结果输出,如表 6-13 所示。

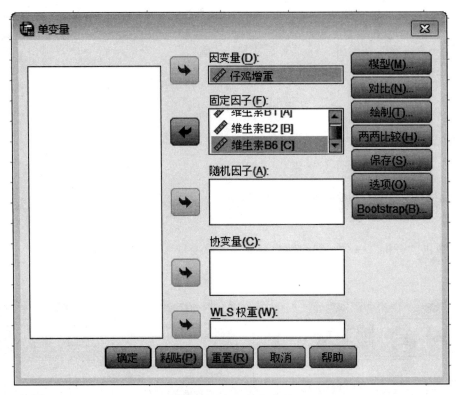

图 6-4 "单变量"对话框

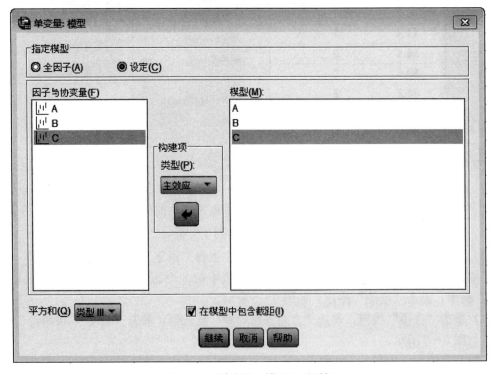

图 6-5 "单变量：模型"对话框

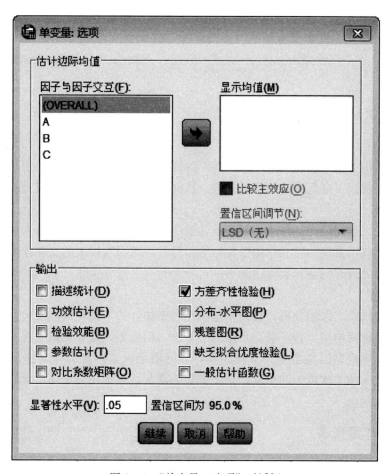

图 6-6 "单变量：选项"对话框

表 6-13 方差分析

| 源 | Ⅲ型平方和 | $df$ | 均方 | $F$ | Sig. |
|---|---|---|---|---|---|
| 校正模型 | 2810.733[a] | 6 | 468.456 | 15.307 | 0.063 |
|  | 29859.840 | 1 | 29859.840 | 975.705 | 0.001 |
| $A$ | 2512.167 | 2 | 1256.083 | 41.044 | 0.024 |
| $B$ | 239.447 | 2 | 119.723 | 3.912 | 0.204 |
| $C$ | 59.120 | 2 | 29.560 | 0.966 | 0.509 |
| 误差 | 61.207 | 2 | 30.603 |  |  |
| 总计 | 32731.780 | 9 |  |  |  |
| 校正的总计 | 2871.940 | 8 |  |  |  |

注：a. R Squared＝0.979（Adjusted R Squared＝0.915）。

（6）结果判定。方差分析（表 6-13）中各因素的 Sig. 值（$P$ 值）＞0.05 时，差异不显著；$P \leqslant 0.05$ 时，差异显著。

【解答】本题 3 个因素 $P_A = 0.024 < 0.05$，$P_B = 0.204 > 0.05$，$P_C = 0.509 > 0.05$；说明因素 $A$（维生素 $B_1$）不同水平对仔鸡增重的影响差异显著，因素 $B$（维生素 $B_2$）和因素 $C$（维生素 $B_6$）对仔鸡增重的影响差异不显著。后续可对因素 $A$ 进行两两比较，找出维生素 $B_1$ 的最优水平。

## 四、主要优缺点及注意事项

### 1. 主要优点

正交设计适用于多因素、多水平的试验，抽样均匀分散，齐整可比，使每次试验都具有较强的代表性，保证了全面试验的某些要求，从而可以减少试验次数，设计效率高。

### 2. 主要缺点

如果要考虑因素间的交互作用，表头设计就比较复杂，所以要求试验人员具有丰富的专业知识，确定哪些因素间的交互作用需要考虑。另外，三因素以上的交互作用正交设计时都不予考虑，这样处理有时会和实际情况不一致。

### 3. 注意事项

无重复正交试验结果的分析，其误差是由空列来估计的，这种误差既包含试验误差，也包含交互作用，称为模型误差。若交互作用不显著，用模型误差估计试验误差是可行的；若交互作用显著，则模型误差会夸大试验误差，有可能会掩盖因素的显著性。进行正交试验时，最好能有 2 次或 2 次以上的重复。正交试验的重复，可采用完全随机设计或随机单位组设计。

## 五、交互作用列表

交互作用列表是确定交互作用应该设置在哪一列，可检验表头设计是否正确，设计含交互作用的正交设计时直接选用合适的表头即可（表 6 - 14）。

表 6 - 14 $L_8$（$2^7$）二列间交互作用列表

| 列号 | 1 | 2 | 3 | 4 | 5 | 6 | 7 |
|---|---|---|---|---|---|---|---|
| 1 | (1) | 3 | 2 | 5 | 4 | 7 | 6 |
| 2 | | (2) | 1 | 6 | 7 | 4 | 5 |
| 3 | | | (3) | 7 | 6 | 5 | 4 |
| 4 | | | | (4) | 1 | 2 | 3 |
| 5 | | | | | (5) | 3 | 2 |
| 6 | | | | | | (6) | 1 |
| 7 | | | | | | | (7) |

如果将 $A$ 因素放到第 1 列，$B$ 因素放到第 2 列，那么第 1 列和第 2 列的交互作用列是第 3 列，于是把交互作用 $A \times B$ 放到第 3 列；然后将 $C$ 因素放到第 4 列，那么第 1 列和第 4 列的交互作用列是第 5 列（$A \times C$），第 2 列和第 4 列的交互作用列是第 6 列（$B \times C$），以此类推，具体表头设计见表 6 - 15。

表 6 - 15 表头设计

| 因子数 | 列号 | | | | | | |
|---|---|---|---|---|---|---|---|
| | 1 | 2 | 3 | 4 | 5 | 6 | 7 |
| 3 | $A$ | $B$ | $A \times B$ | $C$ | $A \times C$ | $B \times C$ | $A \times B \times C$ |

## 六、上机习题

1. 考察 4 个因子（$A$、$B$、$C$、$D$）的试验，每个因子有 2 个水平，已知在因子 $B$ 与 $C$ 之间可能存在互作，其他互作不存在或可忽略，采用正交设计进行试验，请选择一个合适的正交表，并做表头设计。

2. 对下列正交试验的结果（表 6 - 16）进行方差分析。

表 6 - 16 试验结果

| 处理 | 列号 | | | | | | | 结果 |
|---|---|---|---|---|---|---|---|---|
| | 1 | 2 | 3 | 4 | 5 | 6 | 7 | |
| | $A$ | $B$ | $A \times B$ | $C$ | | $B \times C$ | $D$ | |
| 1 | 1 | 1 | 1 | 1 | 1 | 1 | 1 | 1125 |
| 2 | 1 | 1 | 1 | 2 | 2 | 2 | 2 | 1052 |
| 3 | 1 | 2 | 2 | 1 | 1 | 2 | 2 | 1077 |
| 4 | 1 | 2 | 2 | 2 | 2 | 1 | 1 | 1130 |
| 5 | 2 | 1 | 2 | 1 | 2 | 1 | 2 | 1100 |
| 6 | 2 | 1 | 2 | 2 | 1 | 2 | 1 | 950 |
| 7 | 2 | 2 | 1 | 1 | 2 | 2 | 1 | 1020 |
| 8 | 2 | 2 | 1 | 2 | 1 | 1 | 2 | 1050 |

3. 为了研究粗蛋白、消化能和粗纤维 3 个因素对 $30 \sim 50 \mathrm{~kg}$ 育肥猪增重的影响，用 $L_9$ $(3^4)$ 正交表设计了正交试验，试对试验结果（表 6 - 17）进行方差分析。

表 6 - 17 试验结果

| 处理 | 因素 | | | 日增重/g |
|---|---|---|---|---|
| | $A$ | $B$ | $C$ | |
| | 粗蛋白/% | 消化能/kJ | 粗纤维/% | |
| 1 | 18 (1) | 12970 (1) | 5 (1) | 475 |
| 2 | 18 (1) | 11715 (2) | 7 (2) | 394 |
| 3 | 18 (1) | 11460 (3) | 9 (3) | 362 |
| 4 | 15 (2) | 12970 (1) | 7 (2) | 445 |
| 5 | 15 (2) | 11715 (2) | 9 (3) | 392 |
| 6 | 15 (2) | 11460 (3) | 5 (1) | 409 |
| 7 | 12 (3) | 12970 (1) | 9 (3) | 354 |
| 8 | 12 (3) | 11715 (2) | 5 (1) | 378 |
| 9 | 12 (3) | 11460 (3) | 7 (2) | 423 |

4. 试设计一个 4 因素 2 水平的微量元素对仔猪生长发育效果的饲养试验，不考虑交互作用。

**任务六　样本容量的估计**

样本含量越大，统计推断的可靠性越高，但在实际研究工作中，由于受到经费、人力、时间、场地和试验材料等因素的制约，样本含量会受到限制。因此，在进行试验前需要先确定适宜的样本容量。

## 一、独立样本 T 检验两样本容量的估计

对于随机分成两组的试验，若 $n_1 = n_2 = n$ 且 $\sigma_1 = \sigma_2 = \sigma$，则有

双尾检验：$n = \dfrac{2(t_\alpha + t_{2\beta})^2 S^2}{\bar{d}^2}$

单尾检验：$n = \dfrac{2(t_{2\alpha} + t_{2\beta})^2 S^2}{\bar{d}^2}$

式中，$n$ 为每组试验动物头数；$t_\alpha$、$t_{2\alpha}$ 和 $t_{2\beta}$ 为 $df = 2(n-1)$，两尾概率为 $\alpha$、$2\alpha$ 和 $2\beta$ 的临界 $t$ 值；$S$ 为标准差，根据以往的试验估计；$\bar{d}$ 为预期达到差异显著的均数差值；$1 - \alpha$ 为置信度。

首次计算时，以 $df = \infty$ 时的临界 $t$ 值代入计算，若 $n \leqslant 15$，则以 $df = 2(n-1)$ 的 $t$ 值代入重新计算，直到 $n$ 稳定为止。

【例 6 - 6】欲比较两种饲料配方对猪增重的影响（双侧检验），采用完全随机设计，希望两种配方的平均增重差值不低于 2.5 kg，检验功效达到 0.9，显著性水平为 0.05，根据以前的经验可知 S 为 2 kg，试求所需的最小样本容量。

**解：**由题意 $\alpha = 0.05$，$\beta = (1 - P) = 0.1$，双侧检验 $t_{0.05} = 1.96$、$t_{0.20} = 1.282$（$df = \infty$ 时），$\bar{d} = 2.5$，$S = 2$；代入公式得

$$n = \frac{2(t_\alpha + t_{2\beta})^2 S^2}{\bar{d}^2} = \frac{2(1.96 + 1.282)^2 \times 2^2}{2.5^2} \approx 13$$

然后以 $df = 2 \times (13 - 1) = 24$，$t_{0.05} = 2.064$、$t_{0.20} = 1.318$（$df = 24$ 时）代入公式得

$$n = \frac{2(t_\alpha + t_{2\beta})^2 S^2}{\bar{d}^2} = \frac{2(2.064 + 1.318)^2 \times 2^2}{2.5^2} \approx 15$$

再以 $df = 2 \times (15 - 1) = 28$，$t_{0.05} = 2.048$、$t_{0.20} = 1.313$（$df = 28$ 时）代入公式仍可得 $n \approx 15$，所以每个样本至少应有 15 头猪才能满足要求。

## 二、配对样本 T 检验样本容量的估计

配对设计 T 检验样本容量的计算公式为：

双尾检验：$n = \dfrac{2(t_\alpha + t_{2\beta})^2 S_d^2}{\bar{d}^2}$

单尾检验：$n = \dfrac{2(t_{2\alpha} + t_{2\beta})^2 S_d^2}{\bar{d}^2}$

式中，$n$ 为试验所需的样本配对数；$t_\alpha$、$t_{2\alpha}$ 和 $t_{2\beta}$ 为 $df=n-1$，两尾概率为 $\alpha$、$2\alpha$ 和 $2\beta$ 的临界 $t$ 值；$S_d$ 为各对子差值的标准差，根据以往的试验估计；$\bar{d}$ 为预期达到差异显著的均数差值；$1-\alpha$ 为置信度。

首次计算时，以 $df=\infty$ 时的临界 $t$ 值代入计算，若 $n\leqslant15$，则以 $df=n-1$ 的临界 $t$ 值代入重新计算，直到 $n$ 稳定为止。

### 三、百分率比较试验样本容量的估计

假设两样本容量相等，即 $n_1=n_2=n$，$n$ 的计算公式为：

双尾检验：$n=\dfrac{2\ (t_\alpha+t_{2\beta})^2\overline{p}\ (1-\overline{p})}{\delta^2}$

单尾检验：$n=\dfrac{2\ (t_{2\alpha}+t_{2\beta})^2\overline{p}\ (1-\overline{p})}{\delta^2}$

式中，$n$ 为每组试验的动物头数；$\overline{p}$ 为合并百分数，由样本百分数计算得出；$\delta$ 为预期达到差异显著的百分数差值；$t_\alpha$、$t_{2\alpha}$ 和 $t_{2\beta}$ 为 $df=\infty$，两尾概率为 $\alpha$、$2\alpha$ 和 $2\beta$ 的临界 $t$ 值，双尾 $t_{0.05}=1.96$，双尾 $t_{0.20}=1.282$；$1-\alpha$ 为置信度。

### 四、方差分析样本容量的估计

当试验处理数 $k\geqslant3$ 时，各处理重复数可按误差自由度 $df_e\geqslant12$ 的原则来估计。

**1. 完全随机设计**

$$n\geqslant\frac{12}{k}+1$$

若 $k=3$，则 $n\geqslant5$；若 $k=4$，则 $n\geqslant4$；但当处理数 $k>6$ 时重复数仍不应小于3。

**2. 随机单位组设计**

$$n\geqslant\frac{12}{k-1}+1$$

若 $k=3$，则 $n\geqslant7$；若 $k=4$，则 $n\geqslant5$；但当处理数 $k>7$ 时重复数仍不应小于3。

**3. 拉丁方设计**

若要求 $df_e=(k-1)(k-2)\geqslant12$，则重复数（等于处理数）$\geqslant5$，即需进行 $5\times5$ 以上的拉丁方试验。处理数小于5时，应进行重复拉丁方试验，例如：当处理数为3时，需重复进行6次 $3\times3$ 拉丁方试验；当处理数为4时，需重复进行2次 $4\times4$ 拉丁方试验。

### 五、上机习题

1. 某试验比较4个饲料配方对蛋鸡产蛋量的影响，采用随机单位组设计，若以20只鸡为一个试验单位，问该试验至少需要多少只鸡才能满足误差自由度不小于12的要求？

2. 比较两个饲料配方对猪增重的影响，选用配对设计（双尾检验），希望以 95％ 的置信度，检验功效 $1-\beta=0.9$，在平均数差值达到 3 kg 时，测出差异显著性。根据以往经验 $S_d=2.5$ kg，问需要多少对供试猪才能满足要求？

項目七

# 测 试 习 题

## 习题一 资料的整理

1. 现有 126 头基础母羊的体重资料见表 7－1，试将该资料整理成频数分布表，并绘制频数分布图。

表 7－1

单位：kg

| | | | | | | | | | | | |
|---|---|---|---|---|---|---|---|---|---|---|---|
| 53.0 | 50.0 | 51.0 | 57.0 | 56.0 | 51.0 | 48.0 | 46.0 | 62.0 | 51.0 | 61.0 | 56.0 |
| 48.0 | 46.0 | 50.0 | 54.5 | 56.0 | 40.0 | 53.0 | 51.0 | 57.0 | 54.0 | 59.0 | 52.0 |
| 54.0 | 50.0 | 52.0 | 54.0 | 62.5 | 50.0 | 50.0 | 53.0 | 51.0 | 54.0 | 56.0 | 50.0 |
| 43.0 | 53.0 | 48.0 | 50.0 | 60.0 | 58.0 | 52.0 | 64.0 | 50.0 | 47.0 | 37.0 | 52.0 |
| 53.0 | 58.0 | 47.0 | 50.0 | 50.0 | 45.0 | 55.0 | 62.0 | 51.0 | 50.0 | 43.0 | 53.0 |
| 45.0 | 56.0 | 54.0 | 65.0 | 61.0 | 47.0 | 52.0 | 49.0 | 49.0 | 51.0 | 45.0 | 52.0 |
| 45.0 | 53.0 | 54.0 | 57.0 | 54.0 | 54.0 | 45.0 | 44.0 | 52.0 | 50.0 | 52.0 | 52.0 |
| 43.0 | 57.0 | 56.0 | 54.0 | 49.0 | 55.0 | 50.0 | 48.0 | 46.0 | 56.0 | 45.0 | 45.0 |
| 48.5 | 49.0 | 55.0 | 52.0 | 58.0 | 54.5 | 46.5 | 59.0 | 52.0 | 42.0 | 54.5 | 57.0 |
| 58.0 | 57.0 | 50.0 | 45.0 | 56.0 | 48.0 | 50.0 | 46.0 | 49.0 | 62.0 | 47.0 | 52.0 |
| 46.0 | 42.0 | 54.0 | 55.0 | 51.0 | 54.0 | | | | | | |

2. 某地 100 例 30～40 岁健康男子血清总胆固醇测定结果如表 7－2 所示，试根据所给资料编制频数分布表。

表 7－2

单位：mol/L

| | | | | | | | | | |
|---|---|---|---|---|---|---|---|---|---|
| 4.77 | 3.37 | 6.14 | 3.95 | 3.56 | 4.23 | 4.31 | 4.71 | 5.69 | 4.12 |
| 4.56 | 4.37 | 5.39 | 6.30 | 5.21 | 7.22 | 5.54 | 3.93 | 5.21 | 6.51 |
| 5.18 | 5.77 | 4.79 | 5.12 | 5.20 | 5.10 | 4.70 | 4.74 | 3.50 | 4.69 |
| 4.38 | 4.89 | 6.25 | 5.32 | 4.50 | 4.63 | 3.61 | 4.44 | 4.43 | 4.25 |
| 4.03 | 5.85 | 4.09 | 3.35 | 4.08 | 4.79 | 5.30 | 4.97 | 3.18 | 3.97 |

| 5.16 | 5.10 | 5.85 | 4.79 | 5.34 | 4.24 | 4.32 | 4.77 | 6.36 | 6.38 |
| 4.88 | 5.55 | 3.04 | 4.55 | 3.35 | 4.87 | 4.17 | 5.85 | 5.16 | 5.09 |
| 4.52 | 4.38 | 4.31 | 4.58 | 5.72 | 6.55 | 4.76 | 4.61 | 4.17 | 4.03 |
| 4.47 | 3.40 | 3.91 | 2.70 | 4.60 | 4.09 | 5.96 | 5.48 | 4.40 | 4.55 |
| 5.38 | 3.89 | 4.60 | 4.47 | 3.64 | 4.34 | 5.18 | 6.14 | 3.24 | 4.90 |

3. 现有 42 枚受精种蛋孵化天数的数据见表 7 - 3，试整理成频数分布表。

**表 7 - 3**

单位：d

| 21 | 24 | 21 | 20 | 22 | 22 | 20 | 19 | 22 | 21 | 22 | 23 | 23 | 21 |
| 22 | 22 | 21 | 23 | 22 | 21 | 22 | 22 | 22 | 22 | 21 | 22 | 22 | 22 |
| 24 | 23 | 20 | 22 | 23 | 23 | 21 | 22 | 22 | 21 | 21 | 23 | 22 | 22 |

4. 将 150 头保山猪的 6 月龄体长的资料整理成频数分布表，见表 7 - 4。

**表 7 - 4**

单位：cm

| 88 | 86 | 89 | 97 | 94 | 98 | 102 | 92 | 94 | 95 | 87 | 91 | 85 | 99 | 101 |
| 97 | 102 | 96 | 93 | 100 | 99 | 102 | 96 | 103 | 100 | 99 | 102 | 97 | 102 | 86 |
| 93 | 96 | 99 | 100 | 99 | 92 | 104 | 99 | 100 | 99 | 89 | 94 | 93 | 96 | 83 |
| 100 | 98 | 100 | 99 | 101 | 98 | 97 | 100 | 99 | 101 | 98 | 97 | 100 | 98 | 89 |
| 94 | 100 | 101 | 95 | 102 | 99 | 95 | 101 | 95 | 102 | 99 | 95 | 104 | 100 | 98 |
| 89 | 103 | 97 | 91 | 99 | 100 | 89 | 97 | 89 | 99 | 100 | 89 | 89 | 103 | 94 |
| 95 | 99 | 91 | 94 | 98 | 105 | 95 | 89 | 94 | 98 | 104 | 95 | 95 | 99 | 102 |
| 94 | 92 | 88 | 100 | 101 | 100 | 100 | 88 | 100 | 101 | 100 | 100 | 94 | 92 | 93 |
| 96 | 92 | 98 | 97 | 99 | 98 | 101 | 98 | 97 | 99 | 98 | 101 | 96 | 87 | 100 |
| 98 | 92 | 103 | 88 | 91 | 99 | 98 | 103 | 88 | 89 | 99 | 98 | 98 | 92 | 99 |

5. 根据下列 100 头母猪的产仔数资料，试将其整理成频数分布表，见表 7 - 5。

**表 7 - 5**

单位：头

| 9 | 10 | 12 | 10 | 10 | 11 | 10 | 11 | 12 | 10 |
| 13 | 10 | 11 | 13 | 12 | 13 | 9 | 10 | 11 | 9 |
| 10 | 11 | 8 | 11 | 10 | 10 | 12 | 14 | 10 | 11 |
| 12 | 12 | 14 | 9 | 11 | 12 | 9 | 12 | 13 | 10 |
| 11 | 10 | 11 | 10 | 11 | 10 | 11 | 8 | 10 | 13 |
| 13 | 9 | 10 | 11 | 14 | 12 | 12 | 11 | 9 | 10 |
| 8 | 11 | 14 | 12 | 10 | 9 | 7 | 10 | 11 | 9 |

（续）

| 10 | 10 | 11 | 10 | 11 | 13 | 11 | 12 | 13 | 11 |
|----|----|----|----|----|----|----|----|----|----|
| 11 | 12 | 13 | 11 | 13 | 10 | 7 | 10 | 12 | 10 |
| 12 | 10 | 10 | 8 | 10 | 8 | 12 | 14 | 10 | 7 |

**6.** 根据 70 头经产母猪窝产仔数资料制作频数分布表和频数分布图（表 7 - 6）。

**表 7 - 6**

单位：头

| 7 | 8 | 11 | 14 | 10 | 12 | 11 | 10 | 10 | 7 |
|----|----|----|----|----|----|----|----|----|----|
| 10 | 12 | 11 | 10 | 10 | 11 | 9 | 12 | 8 | 10 |
| 12 | 10 | 10 | 11 | 8 | 10 | 8 | 10 | 11 | 13 |
| 10 | 9 | 11 | 12 | 10 | 12 | 9 | 9 | 11 | 10 |
| 11 | 11 | 13 | 11 | 14 | 13 | 10 | 11 | 13 | 11 |
| 13 | 10 | 10 | 9 | 11 | 11 | 8 | 9 | 9 | 11 |
| 10 | 7 | 10 | 13 | 12 | 12 | 13 | 10 | 11 | 9 |

**7.** 现有 200 头金华猪 2 月龄体重资料，试制作频数分布表和频数分布图（表 7 - 7）。

**表 7 - 7**

单位：kg

| 17.0 | 11.0 | 14.3 | 13.0 | 15.5 | 10.0 | 13.5 | 16.0 | 11.5 | 14.5 |
|------|------|------|------|------|------|------|------|------|------|
| 12.0 | 16.5 | 13.0 | 12.8 | 15.5 | 11.5 | 13.0 | 13.0 | 12.0 | 9.0 |
| 11.8 | 19.3 | 14.0 | 15.0 | 14.0 | 11.5 | 15.0 | 13.5 | 13.0 | 12.3 |
| 14.8 | 15.5 | 13.0 | 15.0 | 17.5 | 9.0 | 13.5 | 14.5 | 13.0 | 9.5 |
| 10.3 | 14.0 | 17.5 | 12.0 | 14.5 | 12.5 | 11.5 | 12.8 | 15.0 | 18.0 |
| 13.5 | 14.3 | 14.5 | 8.5 | 15.3 | 17.5 | 10.5 | 12.5 | 9.0 | 13.0 |
| 10.5 | 12.5 | 15.5 | 8.9 | 12.5 | 17.5 | 14.5 | 13.0 | 13.5 | 11.0 |
| 17.9 | 13.0 | 13.5 | 16.5 | 15.3 | 15.0 | 13.5 | 14.5 | 9.0 | 10.5 |
| 19.0 | 12.5 | 13.0 | 14.5 | 12.5 | 13.0 | 12.5 | 16.5 | 13.0 | 12.5 |
| 9.5 | 12.0 | 10.0 | 12.0 | 11.0 | 12.5 | 11.0 | 11.5 | 10.0 | 12.5 |
| 9.3 | 12.0 | 11.5 | 11.0 | 11.5 | 10.5 | 11.5 | 12.0 | 9.5 | 16.5 |
| 11.3 | 11.5 | 8.8 | 11.5 | 9.5 | 13.0 | 12.5 | 13.0 | 12.5 | 14.5 |
| 11.0 | 11.5 | 14.5 | 14.0 | 12.5 | 12.5 | 11.5 | 13.0 | 9.0 | 13.5 |
| 13.3 | 10.0 | 12.5 | 17.5 | 11.5 | 10.0 | 10.0 | 11.0 | 11.5 | 9.0 |
| 16.6 | 15.0 | 15.8 | 16.8 | 13.5 | 12.5 | 9.0 | 10.5 | 15.0 | 14.0 |
| 16.3 | 15.5 | 12.3 | 11.0 | 14.0 | 13.0 | 17.0 | 12.0 | 17.0 | 11.5 |
| 16.5 | 12.0 | 11.5 | 13.5 | 11.5 | 16.0 | 9.0 | 11.0 | 15.0 | 11.5 |
| 11.0 | 17.0 | 14.5 | 15.0 | 11.0 | 18.8 | 12.0 | 13.5 | 14.0 | 11.5 |
| 15.0 | 12.0 | 15.5 | 15.0 | 11.3 | 17.0 | 16.0 | 12.0 | 15.5 | 11.8 |
| 12.5 | 9.8 | 10.0 | 14.5 | 12.5 | 12.0 | 10.5 | 13.0 | 16.0 | 11.8 |

8. 将下列 100 尾小黄鱼的体长数据编制成频数分布表，并绘制直方图（表 7-8）。

**表 7-8**

单位：cm

| 175 | 177 | 182 | 231 | 199 | 214 | 210 | 234 | 235 | 254 |
|-----|-----|-----|-----|-----|-----|-----|-----|-----|-----|
| 189 | 186 | 189 | 185 | 203 | 212 | 224 | 231 | 238 | 248 |
| 199 | 204 | 202 | 187 | 198 | 207 | 221 | 226 | 240 | 252 |
| 206 | 208 | 210 | 186 | 195 | 209 | 219 | 229 | 249 | 258 |
| 217 | 219 | 214 | 194 | 200 | 208 | 220 | 232 | 250 | 255 |
| 230 | 233 | 221 | 192 | 204 | 211 | 215 | 227 | 253 | 264 |
| 254 | 267 | 250 | 234 | 190 | 201 | 214 | 220 | 229 | 251 |
| 254 | 249 | 246 | 193 | 197 | 213 | 216 | 237 | 248 | 273 |
| 284 | 224 | 247 | 192 | 196 | 212 | 218 | 242 | 253 | 270 |
| 176 | 176 | 250 | 187 | 203 | 212 | 225 | 244 | 249 | 274 |

9. 实训周成绩分为 4 个等级：优秀（≥85）、良好（70～84）、及格（60～69）、不及格（<60），请将考试成绩转换为等级制，并分析班级同学的学习情况（表 7-9）。

**表 7-9**

| 54 | 89 | 63 | 95 | 83 | 69 | 20 | 87 | 89 | 51 | 84 |
|----|----|----|----|----|----|----|----|----|----|----|
| 74 | 87 | 66 | 86 | 74 | 82 | 78 | 12 | 92 | 82 | 81 |
| 55 | 91 | 92 | 70 | 62 | 82 | 73 | 90 | 83 | 67 |  |
| 66 | 73 | 33 | 66 | 75 | 74 | 83 | 75 | 55 | 86 |  |

10. 在广州称量 106 头越冬三化螟幼虫的体重，资料如表 7-10 所示，试制作频数分布表。

**表 7-10**

单位：mg

| 13.0 | 18.4 | 19.4 | 23.3 | 24.3 | 24.7 | 25.1 | 25.2 | 25.6 | 26.0 | 27.6 | 28.0 |
|------|------|------|------|------|------|------|------|------|------|------|------|
| 28.2 | 28.3 | 28.3 | 28.5 | 29.1 | 29.3 | 29.8 | 30.1 | 30.2 | 30.3 | 30.4 | 30.5 |
| 31.0 | 31.7 | 31.8 | 32.0 | 32.8 | 32.8 | 33.1 | 34.3 | 35.2 | 35.3 | 35.6 | 35.8 |
| 36.3 | 36.3 | 36.3 | 36.6 | 37.0 | 37.3 | 37.5 | 38.0 | 38.6 | 38.6 | 38.6 | 38.8 |
| 39.3 | 40.0 | 40.2 | 40.3 | 40.3 | 40.4 | 40.6 | 40.8 | 41.3 | 41.6 | 41.8 | 41.8 |
| 42.0 | 42.4 | 42.5 | 42.9 | 42.9 | 43.1 | 43.3 | 43.7 | 43.8 | 44.2 | 44.2 | 46.1 |
| 47.3 | 47.9 | 48.0 | 48.1 | 48.3 | 51.6 | 52.1 | 52.9 | 53.3 | 53.3 | 54.5 | 56.4 |
| 59.1 | 59.3 | 59.4 | 60.0 | 60.5 | 61.1 | 62.5 | 63.8 | 69.7 | 71.8 | 72.7 | 76.2 |
| 79.6 | 86.2 | 28.2 | 30.7 | 35.9 | 39.2 | 41.8 | 47.0 | 58.5 | 76.7 |  |  |

# 习题二　资料的度量

1. 某海水养殖场进行贻贝单养和贻贝与海带混养的对比试验，收获时各随机抽取 50 绳测其毛重，结果分别如表 7-11、表 7-12 所示。试从平均数、极差、标准差、变异系数几个指标来评估单养与混养的效果，并给出分析结论。

**表 7-11　单养 50 绳重量数据**

单位：kg

| | | | | | | | | | |
|---|---|---|---|---|---|---|---|---|---|
| 45 | 45 | 33 | 53 | 36 | 45 | 42 | 43 | 29 | 25 |
| 44 | 35 | 38 | 46 | 51 | 42 | 38 | 51 | 45 | 41 |
| 42 | 27 | 42 | 35 | 46 | 53 | 32 | 41 | 48 | 50 |
| 47 | 51 | 51 | 50 | 50 | 46 | 43 | 47 | 41 | 39 |
| 49 | 44 | 34 | 36 | 43 | 44 | 30 | 46 | 46 | 55 |

**表 7-12　混养 50 绳重量数据**

单位：kg

| | | | | | | | | | |
|---|---|---|---|---|---|---|---|---|---|
| 51 | 48 | 58 | 42 | 55 | 48 | 48 | 54 | 39 | 58 |
| 57 | 43 | 67 | 48 | 44 | 58 | 57 | 46 | 57 | 50 |
| 47 | 57 | 51 | 53 | 48 | 64 | 52 | 59 | 55 | 57 |
| 50 | 48 | 48 | 54 | 41 | 69 | 53 | 62 | 52 | 44 |
| 51 | 54 | 45 | 58 | 53 | 50 | 48 | 50 | 51 | 53 |

2. 某年某猪场发生猪瘟疫情，测得 10 头猪发病的潜伏期分别为 2 d、2 d、3 d、3 d、4 d、4 d、4 d、5 d、9 d、12 d，求潜伏期的中位数。

3. 某鸡场雏鸡球虫病发病日龄（单位：d）为 11、20、24、28、31、34、36、41、56、81，求其中位数。

4. 为比较 A、B 两个品种猪的育肥性能，随机各抽取了 12 头猪，在相同的饲养管理条件下进行了育肥试验，得到其日增重的数据如表 7-13 所示，试求其标准差。

**表 7-13**

| 品种 | 猪日增重/g | | | | | | | | | | | |
|---|---|---|---|---|---|---|---|---|---|---|---|---|
| A | 850 | 800 | 860 | 910 | 864 | 795 | 900 | 876 | 910 | 822 | 870 | 880 |
| B | 600 | 620 | 610 | 598 | 630 | 624 | 597 | 601 | 607 | 597 | 610 | 603 |

5. 调查甲乙两地某品种成年母水牛的体高如表 7-14 所示，试比较两地成年母水牛体高的变异程度。

表 7 - 14

单位：cm

| 甲地 | 137 | 133 | 130 | 128 | 127 | 119 | 136 | 132 |
|------|-----|-----|-----|-----|-----|-----|-----|-----|
| 乙地 | 128 | 130 | 129 | 130 | 131 | 132 | 129 | 130 |

6. 采用某种饲养管理方式饲养北京鸭，得到表 7 - 15 的体重资料，求每周的平均活体重。

表 7 - 15

单位：g

| 周龄 | 0 | 1 | 2 | 3 | 4 | 5 | 6 | 7 | 8 | 9 |
|------|---|---|---|---|---|---|---|---|---|---|
| 活体重 | 58 | 124 | 320 | 640 | 1063 | 1514 | 1851 | 2200 | 2416 | 2610 |

7. 抽样调查某品种猪的窝产仔数与断乳时窝重数据如表 7 - 16 所示，请计算这两个生物性状的平均数、均方、标准差、变异系数，并说明哪个性状的离散程度大。

表 7 - 16

| 窝产仔数/头 | 12 | 11 | 10 | 12 | 9 | 10 | 11 | 12 | 11 | 12 | 13 |
|------------|----|----|----|----|----|----|----|----|----|----|----|
| 断乳窝重/kg | 95.5 | 82.7 | 95.3 | 83.5 | 79.9 | 85.3 | 86.3 | 79.5 | 83.4 | 85.3 | 86.5 |

8. 以下是 10 头绵羊的产毛量观测值，求其方差和标准差。

表 7 - 17

单位：kg

| 羊号 | 1 | 2 | 3 | 4 | 5 | 6 | 7 | 8 | 9 | 10 |
|------|---|---|---|---|---|---|---|---|---|----|
| 剪毛量 | 4.5 | 4.5 | 5.0 | 5.0 | 5.5 | 5.5 | 5.5 | 6.0 | 6.0 | 6.5 |

9. 测得某地 13 年间越冬代棉铃虫的羽化高峰期依次为（以 6 月 30 日为 0）：6 d、7 d、5 d、10 d、4 d、9 d、6 d、12 d、11 d、8 d、0 d、9 d、1 d、7 d、8 d，试求其平均数、标准差和变异系数。

10. 现有 42 枚受精种蛋孵化天数的数据见表 7 - 18，试计算平均数、众数、标准差和变异系数。

表 7 - 18

单位：d

| 21 | 24 | 21 | 20 | 22 | 22 | 20 | 19 | 22 | 21 | 22 | 23 | 23 | 21 |
|----|----|----|----|----|----|----|----|----|----|----|----|----|----|
| 22 | 22 | 21 | 23 | 22 | 21 | 22 | 22 | 22 | 22 | 21 | 22 | 22 | 22 |
| 24 | 23 | 20 | 22 | 23 | 23 | 21 | 22 | 22 | 21 | 21 | 23 | 22 | 22 |

11. 现有 16 头母猪第一胎的产仔数据分别为：9 头、8 头、7 头、10 头、12 头、10 头、11 头、14 头、8 头、9 头、11 头、11 头、10 头、11 头、12 头、13 头，试计算平均数、方差、标准差和变异系数。

# 习题三  T 检 验

1. 为验证北方动物比南方动物具有较短的附肢，调查鸟翅长（单位：mm）的资料如下：北方为 120、113、125、118、116、114、119。南方为 116、117、121、114、116、118、123、120。试验证这一假说。

2. 用中草药青木香治疗高血压，记录了 13 个病例，所测定的舒张压数据如表 7 - 19 所示，试检验该药是否具有降低血压的作用。

表 7 - 19

单位：mmHg*

| 序号 | 1 | 2 | 3 | 4 | 5 | 6 | 7 | 8 | 9 | 10 | 11 | 12 | 13 |
|---|---|---|---|---|---|---|---|---|---|---|---|---|---|
| 治疗前 | 110 | 115 | 133 | 133 | 126 | 108 | 110 | 110 | 140 | 104 | 160 | 120 | 120 |
| 治疗后 | 90 | 116 | 101 | 103 | 110 | 88 | 92 | 104 | 126 | 86 | 114 | 88 | 112 |

3. 鱼类饲料喂养试验中，测得 16 尾鱼的体重增加量如表 7 - 20 所示。假设鱼的体重增加量服从正态分布，试求置信度为 99% 鱼体重增加量的置信区间。

表 7 - 20

单位：g

| 121.5 | 121.2 | 120.1 | 120.8 | 120.9 | 121.6 | 120.3 | 120.1 |
|---|---|---|---|---|---|---|---|
| 120.6 | 121.3 | 120.7 | 121.1 | 120.8 | 120.1 | 120.3 | 120.6 |

4. 测得贫血儿童治疗一个疗程前后血红蛋白含量如表 7 - 21 所示，试比较治疗前后患者血红蛋白含量有无差别。

表 7 - 21

单位：g/L

| 序号 | 1 | 2 | 3 | 4 | 5 | 6 | 7 | 8 | 9 | 10 |
|---|---|---|---|---|---|---|---|---|---|---|
| 治疗前 | 98 | 102 | 83 | 101 | 96 | 94 | 113 | 81 | 74 | 83 |
| 治疗后 | 128 | 136 | 114 | 129 | 131 | 134 | 130 | 119 | 121 | 118 |

5. 随机抽测 10 头长白猪和 10 头大白猪经产母猪的产仔数，资料如表 7 - 22 所示，试检验两种母猪的产仔数有无显著差异。

表 7 - 22

| 品种 | 产仔数/头 | | | | | | | | | |
|---|---|---|---|---|---|---|---|---|---|---|
| 长白猪 | 11 | 11 | 9 | 12 | 10 | 13 | 13 | 8 | 10 | 13 |
| 大白猪 | 8 | 11 | 12 | 10 | 9 | 8 | 8 | 9 | 10 | 7 |

---

* mmHg 为非法定计量单位，1 mmHg＝133.3224 Pa。

6. 随机抽测 11 只大耳白兔和 11 只青紫蓝兔，测定其正常血糖值（mg/100 mL）如下：

大耳白兔：98、67、83、80、108、68、90、92、94、95、96

青紫蓝兔：57、78、85、101、87、73、68、56、70、80、93

比较两个品种家兔的血糖值有无显著差异。

7. 某家禽研究所对粤黄鸡进行两种饲料对比试验，试验时间为 60 d，增重结果如表 7 - 23 所示。试检验两种饲料对粤黄鸡的增重效果有无差异。

表 7 - 23

| 饲料 | 增重/g | | | | | | | |
|---|---|---|---|---|---|---|---|---|
| A | 720 | 710 | 735 | 695 | 715 | 705 | 700 | 705 |
| B | 680 | 695 | 700 | 715 | 708 | 685 | 698 | 688 |

8. 从 8 窝仔猪中每窝选出性别相同、体重接近的两头仔猪进行饲料对比试验，将每窝两头仔猪随机分配到两个饲料组中，时间 30 d，试验结果见表 7 - 24。试检验两种饲料饲喂仔猪增重有无显著差异。

表 7 - 24

单位：kg

| 窝号 | 1 | 2 | 3 | 4 | 5 | 6 | 7 | 8 |
|---|---|---|---|---|---|---|---|---|
| 甲饲料 | 10.0 | 11.2 | 11.0 | 12.1 | 10.5 | 9.8 | 11.5 | 10.8 |
| 乙饲料 | 9.8 | 10.6 | 9.0 | 10.5 | 9.6 | 9.0 | 10.8 | 9.8 |

9. 鸡的孵化期为 21 d，某种鸡场 40 枚种蛋的孵化天数见表 7 - 25，推断该场种鸡的孵化天数与 21 d 有无显著差异。

表 7 - 25

单位：d

| | | | | | | | | | |
|---|---|---|---|---|---|---|---|---|---|
| 20 | 19 | 21 | 22 | 21 | 20 | 18 | 20 | 21 | 19 |
| 23 | 18 | 22 | 20 | 21 | 19 | 20 | 21 | 21 | 20 |
| 19 | 24 | 20 | 19 | 21 | 21 | 20 | 19 | 21 | 23 |
| 20 | 20 | 18 | 21 | 20 | 21 | 19 | 23 | 20 | 21 |

10. 已知成年羊血液中白细胞总数为 8000 个/$mm^3$，今随机抽测了 10 头羊的白细胞总数分别为 7100 个/$mm^3$、10800 个/$mm^3$、7500 个/$mm^3$、7800 个/$mm^3$、9200 个/$mm^3$、9400 个/$mm^3$、8500 个/$mm^3$、8900 个/$mm^3$、7600 个/$mm^3$、8400 个/$mm^3$。试检验该样本均数与总体均数有无显著差异？

11. 某研究所对三黄鸡进行饲养对比试验，试验时间为 60 d，增重结果如表 7 - 26 所示，问甲乙两种饲料对三黄鸡的增重效果有无显著影响？

表 7 - 26

| 饲料 | 数量 | 增重/g | | | | | | | |
|------|------|------|------|------|------|------|------|------|------|
| 甲饲料 | 8 | 720 | 710 | 735 | 680 | 690 | 705 | 700 | 705 |
| 乙饲料 | 8 | 680 | 695 | 700 | 715 | 708 | 685 | 698 | 688 |

12. 用乙基可可碱做利尿试验，试验犬分为两组，一组注射乙基可可碱每千克体重 10 mg，一组注射生理盐水作对照，以给药后 90 min 内排尿量作为药物作用指标，测得观察值如表 7 - 27 所示，试检验两种处理对试验犬 90 min 内排尿量有无显著影响？

表 7 - 27

| 组别 | 数量 | 排尿量/mL | | | | | |
|------|------|------|------|------|------|------|------|
| 对照组 | 6 | 85.3 | 41 | 82.5 | 52 | 88 | 26.5 |
| 试验组 | 5 | 86 | 143 | 111.5 | 171 | 100 | |

13. 某试验站用两种饲料对湘东黑山羊进行了为期 4 周的饲养试验，其增重结果见表 7 - 28，问两种饲料饲喂湘东黑山羊的增重效果有无显著差异？

表 7 - 28

| 饲料 | 数量 | 增重/kg | | | | | |
|------|------|------|------|------|------|------|------|
| 甲饲料 | 6 | 6.65 | 6.35 | 7.05 | 7.90 | 8.04 | 4.45 |
| 乙饲料 | 6 | 5.34 | 7.00 | 7.89 | 7.05 | 6.74 | 7.28 |

14. 用 10 只家鹅试验某批注射液对体温的影响，测定每只家鹅注射前后的体温（表 7 - 29），假设体温服从正态分布，问注射前后体温有无显著差异？

表 7 - 29

| 鹅号 | 1 | 2 | 3 | 4 | 5 | 6 | 7 | 8 | 9 | 10 |
|------|------|------|------|------|------|------|------|------|------|------|
| 注射前体温/℃ | 37.8 | 38.2 | 38.0 | 37.6 | 37.9 | 38.1 | 38.2 | 37.5 | 38.5 | 37.9 |
| 注射后体温/℃ | 37.9 | 39.0 | 38.9 | 38.4 | 37.9 | 39.0 | 39.5 | 38.6 | 38.8 | 39.0 |

15. 随机抽测了 10 头猪的直肠温度，其数据为：38.7 ℃、39.0 ℃、38.9 ℃、39.6 ℃、39.1 ℃、39.8 ℃、38.5 ℃、39.7 ℃、39.2 ℃、38.4 ℃，已知该品种猪直肠温度的总体平均数为 39.5 ℃，试检验该样本平均温度与总体平均数是否存在显著差异？

16. 某品种 8 头仔猪，分别在初生未哺乳与哺乳 24 h 后进行血液蛋白含量测定，结果如表 7 - 30 所示，比较哺乳前后血液蛋白含量是否相同。

表 7 - 30

| 测定时间 | 血液蛋白含量/(g/L) | | | | | | | |
|------|------|------|------|------|------|------|------|------|
| 初生未哺乳 | 34.28 | 42.18 | 35.36 | 38.27 | 37.85 | 35.52 | 34.68 | 38.49 |
| 哺乳 24 h 后 | 38.93 | 42.38 | 41.43 | 40.34 | 40.04 | 41.87 | 41.20 | 40.33 |

17. 有人曾对公雏鸡做了性激素效应试验，将 22 只公雏鸡完全随机地分为两组，每组 11 只。一组接受性激素 A（睾丸激素）处理；另一组接受激素 C（雄甾烯醇酮）处理。在

第 15 d 取雏鸡的鸡冠称重，所得数据见表 7-31。问激素 A 与激素 C 对公雏鸡鸡冠重量的影响差异是否显著。

**表 7-31**

| 激素 | 鸡冠重量/mg | | | | | | | | | | |
|---|---|---|---|---|---|---|---|---|---|---|---|
| A | 57 | 120 | 101 | 137 | 119 | 117 | 104 | 73 | 53 | 68 | 118 |
| C | 89 | 30 | 82 | 50 | 39 | 22 | 57 | 32 | 96 | 31 | 88 |

18. 研究两种不同饲料对香猪生长的影响，随机选择了体重相近的 12 头香猪并随机分成两组，一组喂甲饲料，另一组喂乙饲料，在相同的饲养条件下饲养，6 周后增重结果见表 7-32。假设两样本所属总体服从正态分布，且方差相等，试比较两种不同饲料对香猪生长的影响是否有差异。

**表 7-32**

单位：kg

| 甲饲料 | 6.65 | 6.35 | 7.05 | 7.90 | 8.04 | 4.45 |
|---|---|---|---|---|---|---|
| 乙饲料 | 5.34 | 7.00 | 9.89 | 7.05 | 6.74 | 9.28 |

19. 为检验一种新的饲料配方是否比原来的饲料配方对猪的增重效果更好，选取符合要求的猪 20 头，随机等量的分为 2 组，分别饲喂这两种饲料，所得增重记录如表 7-33 所示。试对两种饲料配方对猪增重效果的优劣做出判断。

**表 7-33**

单位：kg

| 配方 1 | 32 | 23 | 48 | 41 | 20 | 29 | 53 | 39 | 30 | 40 |
|---|---|---|---|---|---|---|---|---|---|---|
| 配方 2 | 27 | 30 | 32 | 26 | 31 | 27 | 23 | 29 | 35 | 20 |

20. 正常人的脉搏平均为 72 次/min，现某医生测得 11 例慢性铅中毒患者的脉搏为：54 次/min、67 次/min、68 次/min、68 次/min、78 次/min、70 次/min、66 次/min、67 次/min、70 次/min、65 次/min、69 次/min，试检验铅中毒患者的脉搏是否显著低于正常人的脉搏。

21. 随机抽测了两个品种的家兔在停食 18 h 后的正常血糖值，结果如表 7-34 所示。问：两种家兔的正常血糖值是否有差别？

**表 7-34**

| 家兔 | 血糖值/(mg/100 mL) | | | | | | | | | | |
|---|---|---|---|---|---|---|---|---|---|---|---|
| 大耳白兔 | 57 | 120 | 101 | 137 | 119 | 117 | 104 | 73 | 53 | 68 | |
| 青紫蓝兔 | 89 | 36 | 82 | 50 | 39 | 32 | 57 | 82 | 96 | 31 | 88 |

22. 为比较果蝇体内 TPI 酶在 pH＝5 和 pH＝8 时是否有区别，将 10 只果蝇随机分成两

组，一组在 pH＝5 时测定酶活性，另一组测定在 pH＝8 时的酶活性，结果如表 7－35 所示。问：两种 pH 下酶活性是否有显著差异？

表 7－35

单位：$\mu m/min$

| pH＝5 | 11.1 | 10.0 | 13.3 | 10.5 | 11.3 |
|---|---|---|---|---|---|
| pH＝8 | 12.0 | 15.3 | 15.1 | 15.0 | 13.2 |

23. 用 10 只家兔试验某种注射液对体温的影响，在注射前 1 h 和 2 h 各测定一次体温，取平均值；注射后 1 h 和 2 h 各测一次体温，取平均值，结果如表 7－36 所示。问：注射前后体温有无显著变化？

表 7－36

单位：℃

| 兔号 | 1 | 2 | 3 | 4 | 5 | 6 | 7 | 8 | 9 | 10 |
|---|---|---|---|---|---|---|---|---|---|---|
| 注射前体温 | 37.8 | 38.2 | 38.0 | 37.6 | 37.9 | 38.1 | 38.2 | 37.5 | 38.5 | 37.9 |
| 注射后体温 | 37.9 | 39.0 | 38.9 | 38.4 | 37.9 | 39.0 | 39.5 | 38.6 | 38.8 | 39.0 |

24. 某猪场从 10 窝大白猪的仔猪中，每窝选取性别相同、体重相近的仔猪 2 头，随机地分配到两个饲料组，进行饲料对比试验，试验 30 d 后，各仔猪的增重结果见表 7－37 所示，试检验两种饲料饲喂的仔猪平均增重差异是否显著。

表 7－37

单位：kg

| 窝号 | 1 | 2 | 3 | 4 | 5 | 6 | 7 | 8 | 9 | 10 |
|---|---|---|---|---|---|---|---|---|---|---|
| 饲料Ⅰ | 10.0 | 11.2 | 12.1 | 10.5 | 11.1 | 9.8 | 10.8 | 12.5 | 12.0 | 9.9 |
| 饲料Ⅱ | 10.5 | 10.5 | 11.8 | 9.5 | 12.0 | 8.8 | 9.7 | 11.2 | 11.0 | 9.0 |

25. 试检验 A、B 两个品种蛋鸡 2 月龄体重有无显著差异（表 7－38）。

表 7－38

| 品种 | 2 月龄体重/kg | | | | | | | | | |
|---|---|---|---|---|---|---|---|---|---|---|
| A | 1.15 | 1.25 | 0.90 | 1.18 | 1.15 | 1.10 | 1.18 | 1.00 | 1.20 | 1.20 |
| B | 1.35 | 1.25 | 1.30 | 1.25 | 1.45 | 1.30 | 1.20 | 1.35 | 1.40 | 1.10 |

26. 行业标准规定每袋面粉规格为 50.0 kg，随机抽测 10 袋面粉，质量分别为 49.8 kg、50.5 kg、50.2 kg、49.1 kg、50.4 kg、49.7 kg、51.0 kg、49.6 kg、50.6 kg、50.3 kg，问该批面粉是否达标？

27. 随机抽测 8 头大白猪和 7 头哈白猪经产母猪的平均初生重，资料如表 7 - 39 所示。试检验两个品种的初生重有无显著差异（$\alpha=0.01$）。

**表 7 - 39**

单位：kg

| 大白猪 | 1.28 | 1.25 | 1.25 | 1.31 | 1.24 | 1.26 | 1.28 | 1.17 |
| --- | --- | --- | --- | --- | --- | --- | --- | --- |
| 哈白猪 | 1.13 | 1.09 | 1.14 | 1.20 | 1.26 | 1.17 | 1.19 | |

28. 对 11 只 60 日龄雄鼠做 X 射线照射试验，测定照射前后的体重，见表 7 - 40，判断照射前后体重差异是否显著。

**表 7 - 40**

单位：kg

| 鼠号 | 1 | 2 | 3 | 4 | 5 | 6 | 7 | 8 | 9 | 10 | 11 |
| --- | --- | --- | --- | --- | --- | --- | --- | --- | --- | --- | --- |
| 照射前 | 25.7 | 24.4 | 21.1 | 25.2 | 26.4 | 23.8 | 21.5 | 22.9 | 23.1 | 25.1 | 29.5 |
| 照射后 | 22.5 | 23.2 | 20.6 | 23.4 | 25.4 | 20.4 | 20.6 | 21.9 | 22.6 | 23.5 | 24.3 |

29. 测定 10 头杜洛克猪的背膘厚为：13.01 mm、14.08 mm、13.69 mm、13.10 mm、14.52 mm、13.22 mm、12.49 mm、12.00 mm、12.80 mm、13.68 mm，试对杜洛克猪背膘厚总体均数进行点估计和区间估计。

30. 某鱼塘水中的含氧量多年平均值为 4.5 mg/L，该鱼塘设 12 个点采集水样，测定含氧量为：4.13 mg/L、4.62 mg/L、4.89 mg/L、4.14 mg/L、3.78 mg/L、4.64 mg/L、4.52 mg/L、4.55 mg/L、4.48 mg/L、4.26 mg/L、4.25 mg/L、5.02 mg/L，试检验该次抽样测定的水中含氧量与多年平均值有无显著差异。

31. 随机选择雌蜂和雄蜂触角各 10 根，在电镜下每根触角随机测量 1 个板状感器的长度，数据如表 7 - 41 所示。问雌蜂和雄蜂触角上的板状感器长度是否有显著差异？

**表 7 - 41**

单位：$\mu m$

| 感器编号 | 1 | 2 | 3 | 4 | 5 | 6 | 7 | 8 | 9 | 10 |
| --- | --- | --- | --- | --- | --- | --- | --- | --- | --- | --- |
| 雌蜂 | 27.05 | 26.13 | 27.19 | 25.34 | 26.86 | 25.01 | 23.8 | 28.98 | 29.67 | 24.69 |
| 雄蜂 | 22.34 | 24.05 | 21.86 | 22.95 | 21.63 | 22.12 | 25.02 | 21.92 | 25.01 | 21.34 |

# 习题四 方差分析

1. 为了比较 3 种人工合成的饲料配方对 4 种不同品种猪的增重效果，从每个品种随机抽取了 3 头初始体重相同的仔猪，分别随机地饲喂不同的饲料，一段时间后的增重结果如表 7 - 42 所示，试对该资料进行方差分析。

表 7 - 42

单位：kg

| 饲料 A | 品种 B | | | |
|---|---|---|---|---|
| | $B_1$ | $B_2$ | $B_3$ | $B_4$ |
| $A_1$ | 51 | 56 | 45 | 42 |
| $A_2$ | 52 | 55 | 50 | 45 |
| $A_3$ | 52 | 58 | 47 | 43 |

2. 用两种不同的饲料 A 和 B，以不同的配比方式饲喂大鼠，每一种饲料均各取 4 个水平，各配比处理的给食量相同，每一处理重复两次，一段时间后测定增重结果如表 7 - 43 所示，试对该资料进行方差分析。

表 7 - 43

单位：g

| 饲料 A | 饲料 B | | | |
|---|---|---|---|---|
| | $B_1$ | $B_2$ | $B_3$ | $B_4$ |
| $A_1$ | 32 | 28 | 18 | 23 |
| | 36 | 22 | 16 | 21 |
| $A_2$ | 26 | 29 | 27 | 17 |
| | 24 | 33 | 23 | 19 |
| $A_3$ | 33 | 30 | 33 | 23 |
| | 39 | 24 | 37 | 27 |
| $A_4$ | 39 | 31 | 28 | 36 |
| | 43 | 35 | 32 | 34 |

3. 为研究氟对种子发芽的影响，分别用 0 $\mu g/g$（对照）、10 $\mu g/g$、50 $\mu g/g$、100 $\mu g/g$ 四种不同浓度的氟化钠溶液处理种子，每一种种子用培养皿进行发芽试验（每盆 50 粒，每处理重复 3 次）。观察它们的发芽情况，测得芽长资料如表 7 - 44 所示，试做方差分析。

表 7 - 44

单位：cm

| 处理 | 1 | 2 | 3 |
|---|---|---|---|
| 0 $\mu g/g$ | 8.9 | 8.4 | 8.6 |
| 10 $\mu g/g$ | 8.2 | 7.9 | 7.5 |
| 50 $\mu g/g$ | 7.0 | 5.5 | 6.1 |
| 100 $\mu g/g$ | 5.0 | 6.3 | 4.1 |

4. 四个品种的家兔，每一品种用兔 7 只，测定其不同室温下的血糖值（以每 100 mL 血中含葡萄糖的 mg 数表示），试验资料如表 7 - 45 所示，试分析各种家兔正常血糖值间有无差异，室温对家兔的血糖值有无影响。

表 7 - 45

| 品种 | 室温/℃ | | | | | | |
|---|---|---|---|---|---|---|---|
| | 35 | 30 | 25 | 20 | 15 | 10 | 5 |
| I | 140 | 120 | 110 | 82 | 82 | 110 | 130 |
| II | 160 | 140 | 100 | 83 | 110 | 130 | 120 |
| III | 160 | 120 | 120 | 110 | 100 | 140 | 150 |
| IV | 130 | 110 | 100 | 82 | 74 | 100 | 120 |

5. 为了从 3 种不同原料和 3 种不同发酵温度中选出某物质较为适宜的条件，设计了一个两因素试验，结果如表 7 - 46 所示，试对该资料进行方差分析。

表 7 - 46

| 原料 $A$ | 温度 $B$ | | | | | | | | | | | |
|---|---|---|---|---|---|---|---|---|---|---|---|---|
| | $B_1$（30 ℃） | | | | $B_2$（35 ℃） | | | | $B_3$（40 ℃） | | | |
| $A_1$ | 41 | 49 | 23 | 25 | 11 | 13 | 25 | 24 | 6 | 22 | 26 | 18 |
| $A_2$ | 47 | 59 | 50 | 40 | 43 | 38 | 33 | 36 | 8 | 22 | 18 | 14 |
| $A_3$ | 43 | 35 | 53 | 50 | 55 | 38 | 47 | 44 | 30 | 33 | 26 | 19 |

6. 研究酵解作用对血糖浓度的影响，从 8 名健康人体中抽取血液并制备成血滤液。每个受试者的血滤液又分成 4 份，分别随机放置 0 min、45 min、90 min、135 min 后测定其血糖浓度（mg/100 mL），资料如表 7 - 47 所示，试检验不同受试者和放置不同时间的血糖浓度有无显著差异。

表 7 - 47

单位：mg/100 mL

| 受试者编号 | 放置时间/min | | | |
|---|---|---|---|---|
| | 0 | 45 | 90 | 135 |
| 1 | 95 | 95 | 89 | 83 |
| 2 | 95 | 94 | 88 | 84 |
| 3 | 106 | 105 | 97 | 90 |
| 4 | 98 | 97 | 95 | 90 |
| 5 | 102 | 98 | 97 | 88 |
| 6 | 112 | 112 | 101 | 94 |
| 7 | 105 | 103 | 97 | 88 |
| 8 | 95 | 92 | 90 | 80 |

7. 研究不同放血时间（$A$ 因素）和不同雌激素水平（$B$ 因素）羊血浆磷脂的含量，在每个水平组合中测定了 5 头羊的血浆磷脂含量，结果如表 7 - 48 所示，试对该资料进行方差分析。

**表 7 - 48**

单位：mmol/L

| 放血时间 | 雌激素水平（B 因素） | | | | | | | | | |
|---|---|---|---|---|---|---|---|---|---|---|
| （A 因素） | 低（$B_1$） | | | | | 高（$B_2$） | | | | |
| 上午 $A_1$ | 8.53 | 20.53 | 12.53 | 14.00 | 10.80 | 30.14 | 26.20 | 31.33 | 45.80 | 49.20 |
| 下午 $A_2$ | 17.53 | 21.07 | 20.80 | 17.33 | 20.07 | 32.00 | 23.80 | 28.87 | 25.06 | 29.33 |

8. 为分析光照因素（A）与噪声因素（B）对工人生产有无影响，光照效应与噪声效应有交互作用，在此两因素不同的水平组合下进行试验，所得资料如表 7 - 49 所示，试对该资料进行方差分析。

**表 7 - 49**

单位：件

| 因素 A | 因素 B | | | | | | | | |
|---|---|---|---|---|---|---|---|---|---|
| | $B_1$ | | | $B_2$ | | | $B_3$ | | |
| $A_1$ | 15 | 15 | 17 | 19 | 19 | 16 | 16 | 18 | 21 |
| $A_2$ | 17 | 17 | 17 | 15 | 15 | 15 | 19 | 22 | 22 |
| $A_3$ | 15 | 17 | 16 | 18 | 17 | 16 | 18 | 18 | 18 |
| $A_4$ | 18 | 20 | 20 | 15 | 16 | 17 | 17 | 17 | 17 |

9. 某试验研究不同药物对腹水癌的治疗效果，设 5 个处理，$A_1$ 为不用药（对照），$A_2$、$A_3$ 为用两种不同的中药，$A_4$、$A_5$ 为用两种不同的西药。将患腹水癌的 25 只小鼠随机分为 5 组，每组 5 只，各组小鼠随机接受 1 种药物治疗，小鼠存活天数如表 7 - 50 所示，试进行方差分析。

**表 7 - 50**

| 药物 | 存活天数/d | | | | |
|---|---|---|---|---|---|
| $A_1$ | 15 | 16 | 15 | 17 | 18 |
| $A_2$ | 45 | 42 | 50 | 38 | 39 |
| $A_3$ | 30 | 35 | 29 | 31 | 35 |
| $A_4$ | 31 | 28 | 20 | 25 | 30 |
| $A_5$ | 40 | 35 | 31 | 32 | 30 |

10. 随机抽测 5 个品种的各 5 头母猪的窝产仔数，结果如表 7 - 51 所示。试检验 5 个品种母猪窝产仔数是否有差异。

**表 7 - 51**

| 品种 | 窝产仔数/头 | | | | |
|---|---|---|---|---|---|
| 1 | 8 | 13 | 12 | 9 | 9 |
| 2 | 7 | 8 | 10 | 9 | 7 |

（续）

| 品种 | 窝产仔数/头 | | | | |
|---|---|---|---|---|---|
| 3 | 13 | 14 | 10 | 11 | 12 |
| 4 | 13 | 9 | 8 | 8 | 10 |
| 5 | 12 | 11 | 15 | 14 | 13 |

11. 五个不同品种猪的育肥试验，后期 30 d 增重如表 7-52 所示，试检验品种间增重有无差异。

表 7-52

| 品种 | 增重/kg | | | | | |
|---|---|---|---|---|---|---|
| $B_1$ | 21.5 | 19.5 | 20.0 | 22.0 | 18.0 | 20.0 |
| $B_2$ | 16.0 | 18.5 | 17.0 | 15.5 | 20.0 | 16.0 |
| $B_3$ | 19.0 | 17.5 | 20.0 | 18.0 | 17.0 | |
| $B_4$ | 21.0 | 18.5 | 19.0 | 20.0 | | |
| $B_5$ | 15.5 | 18.0 | 17.0 | 16.0 | | |

12. 为比较 A、B、C、D 四种猪饲料的育肥效果，选择品种、性别、日龄相同，且体重相近的仔猪 20 头，分成 4 组，每组 5 头，各组分别饲喂 A、B、C、D 饲料，其他饲养条件相似，经一段时间后，其增重结果如表 7-53 所示，试分析 4 种饲料育肥效果的差异显著性。

表 7-53

| 饲料 | 增重/kg | | | | |
|---|---|---|---|---|---|
| A | 26.8 | 29.4 | 25.9 | 29.0 | 28.9 |
| B | 31.2 | 31.8 | 29.3 | 23.0 | 35.9 |
| C | 30.3 | 31.9 | 32.5 | 33.6 | 32.8 |
| D | 27.6 | 23.4 | 25.2 | 24.6 | 25.3 |

13. 为比较新育成的 3 个品种猪（$A_1$、$A_2$、$A_3$）的育肥效果，以当地普遍饲养的品种（$A_4$）为对照，每品种选择年龄、性别相同，始重相近的仔猪各 6 头，在同样管理条件下饲养，一段时间后，每头仔猪的增重结果如表 7-54 所示，试分析 4 个品种仔猪育肥的差异显著性。

表 7-54

| 品种 | 增重/kg | | | | | |
|---|---|---|---|---|---|---|
| $A_1$ | 15 | 14 | 18 | 17 | 13 | 11 |
| $A_2$ | 12 | 7 | 13 | 8 | 7 | 11 |
| $A_3$ | 8 | 13 | 11 | 9 | 16 | 15 |
| $A_4$ | 8 | 11 | 7 | 8 | 6 | 10 |

14. 某科研站用 5 种配合饲料进行肉鸡饲养试验，得 45 日龄重量资料如表 7-55 所示，试分析 5 种饲料对肉鸡饲养效果的差异显著性。

表 7-55

单位：kg

| 饲料 | 肉鸡重 | | | | | | | |
|------|------|------|------|------|------|------|------|------|
| A | 2.3 | 2.4 | 2.1 | 2.7 | 2.5 | 2.4 | | |
| B | 2.7 | 2.6 | 2.3 | 2.8 | 2.6 | 2.4 | 2.5 | 2.7 |
| C | 2.1 | 2.3 | 2.4 | 2.2 | 2.5 | 2.1 | | |
| D | 2.7 | 2.6 | 2.2 | 2.4 | 2.5 | 2.3 | | |
| E | 2.1 | 2.3 | 2.4 | 2.1 | 2.0 | | | |

15. 为分析高温（32℃）持续时间和维生素 A 用量对蛋鸡血糖的影响，高温持续时间设置为 1 d、7 d、14 d、21 d 4 个时间段，分别用 $A_1$、$A_2$、$A_3$、$A_4$ 表示，维生素 A 在饲料中的添加量设置高、中、低 3 个水平，分别用 $B_1$、$B_2$、$B_3$ 表示，试验结果见表 7-56，试检验高温持续时间和维生素 A 使用量对蛋鸡血糖浓度的影响有无显著差异。

表 7-56

| 高温持续时间 | 维生素 A 添加量 | | |
|------|------|------|------|
| | $B_1$ | $B_2$ | $B_3$ |
| $A_1$ | 17.3 | 17.51 | 17.35 |
| $A_2$ | 34.49 | 33.29 | 30.11 |
| $A_3$ | 32.53 | 30.62 | 26.01 |
| $A_4$ | 22.48 | 20.11 | 17.66 |

16. 为研究饲料中蛋白质及能量配比对仔猪生长的影响，将蛋白质设高、低两个水平（$A_1$、$A_2$），能量设高、中、低 3 个水平（$B_1$、$B_2$、$B_3$）进行交叉分组配成 6 种饲料。选取品种、性别、日龄相同，体重相近的仔猪 24 头，随机分为 6 个试验组，每组 4 头，每个试验组分别饲喂组配的 6 种饲料，每头仔猪单圈喂饲。试验结束仔猪增重数据见表 7-57，试做方差分析。

表 7-57

单位：kg

| 蛋白质 | 重复 | 能量 | | |
|------|------|------|------|------|
| | | $B_1$ | $B_2$ | $B_3$ |
| $A_1$ | 1 | 34.2 | 28.5 | 18.9 |
| | 2 | 35.7 | 32.4 | 24.8 |
| | 3 | 33.8 | 25.2 | 20.6 |
| | 4 | 40.3 | 31.3 | 21.2 |

| 蛋白质 | 重复 | 能量 | | |
|---|---|---|---|---|
| | | $B_1$ | $B_2$ | $B_3$ |
| $A_2$ | 1 | 27.6 | 28.2 | 28.3 |
| | 2 | 33.2 | 16.9 | 22.2 |
| | 3 | 31.6 | 23.4 | 26.9 |
| | 4 | 34.7 | 20.9 | 27.8 |

17. 为分析某一饲料 3 种饲喂量的饲养效果，选用同品种、同性别、体重相近的仔猪 15 头随机分为 3 组，第 1 组按饲养标准饲喂，第 2 组前期按比标准高 15% 饲喂，后期按比标准低 10% 饲喂，第 3 组自由采食。经 56 d 试验，得增重结果如表 7-58 所示，试分析 3 种饲喂量饲养效果的差异性。

表 7-58

单位：kg

| 试验组 | 增重 | | | | |
|---|---|---|---|---|---|
| 试验 1 组 | 38 | 35 | 34 | 36 | 29 |
| 试验 2 组 | 19 | 22 | 23 | 19 | 24 |
| 试验 3 组 | 32 | 30 | 43 | 33 | 26 |

18. 调查 4 个公牛品种女儿产乳量，得如表 7-59 所示资料，试分析不同公牛品种其女儿产乳量的差异性。

表 7-59

单位：t

| 公牛品种 | 女儿产乳量 | | | | | | | |
|---|---|---|---|---|---|---|---|---|
| $A_1$ | 5.9 | 5.6 | 6.9 | 5.2 | 5.7 | 5.3 | 6.5 | |
| $A_2$ | 5.5 | 4.9 | 4.6 | 4.5 | 5.7 | 4.6 | | |
| $A_3$ | 4.6 | 4.5 | 5.3 | 5.1 | 5.6 | 7.1 | 5.3 | |
| $A_4$ | 5.8 | 5.4 | 6.2 | 6.7 | 5.3 | 5.9 | 6.4 | 6.8 |

19. 为比较 5 种饲料（A）对仔猪增重的效果，从 3 窝（B）仔猪中每窝取 5 头同性别、体重相近的仔猪，每窝的 5 头仔猪随机分配 5 种饲料单圈饲养。饲养结束得体重资料如表 7-60 所示，试比较饲料间、窝别间仔猪体重的差异性。

表 7-60

单位：kg

| 饲料 | 窝别 | | |
|---|---|---|---|
| | $B_1$ | $B_2$ | $B_3$ |
| $A_1$ | 30 | 37 | 35 |
| $A_2$ | 30 | 33 | 34 |

（续）

| 饲料 | 窝别 | | |
|---|---|---|---|
| | $B_1$ | $B_2$ | $B_3$ |
| $A_3$ | 27 | 36 | 41 |
| $A_4$ | 33 | 43 | 41 |
| $A_5$ | 36 | 43 | 42 |

20. 有资料报道羊血浆磷脂含量与放血时间和雌激素水平有关，为验证此报道，选放血时间（$A$）为 8 h、12 h、16 h，激素（$B$）分高低两水平，在每个水平组合中测定 3 只羊，得结果见表 7-61，试进行方差分析。

**表 7-61**

| 放血时间 | 雌激素水平 | | | | | |
|---|---|---|---|---|---|---|
| | 高（$B_1$） | | | 低（$B_2$） | | |
| 8 h（$A_1$） | 31.2 | 46.8 | 48.1 | 9.1 | 13.8 | 13.1 |
| 12 h（$A_2$） | 19.2 | 22.6 | 27.1 | 16.3 | 10.8 | 18.5 |
| 16 h（$A_3$） | 34.6 | 28.9 | 26.3 | 17.5 | 21.1 | 20.8 |

21. 为研究 4 个品种兔的生长速度，选择体重相同、性别一致的幼兔各 8 只，在相同条件下经过 40 d 的饲养试验，每个品种幼兔的日增重见表 7-62，试进行方差分析。

**表 7-62**

| 品种 | 日增重/g | | | | | | | |
|---|---|---|---|---|---|---|---|---|
| 甲 | 28 | 38 | 31 | 33 | 33 | 28 | 31 | 30 |
| 乙 | 19 | 30 | 21 | 25 | 30 | 30 | 24 | 33 |
| 丙 | 21 | 18 | 15 | 20 | 14 | 30 | 10 | 26 |
| 丁 | 16 | 18 | 20 | 18 | 20 | 18 | 23 | 15 |

22. 4 种不同解毒药物对大鼠血液中胆碱酯酶含量的影响见表 7-63，试比较 4 种解毒药的解毒效果是否相同。

**表 7-63**

单位：U/mL

| 解毒药物 | 胆碱酯酶含量 | | | | | |
|---|---|---|---|---|---|---|
| $A_1$ | 23 | 12 | 18 | 16 | 28 | 14 |
| $A_2$ | 28 | 31 | 23 | 24 | 28 | 34 |
| $A_3$ | 14 | 24 | 17 | 19 | 16 | 22 |
| $A_4$ | 8 | 12 | 21 | 19 | 14 | 15 |

23. 给出生后的雄性小鼠喂不同的饲料，6 周后体重数据见表 7-64，问饲喂不同的饲料对小鼠体重是否有明显影响？

**表 7 - 64**

| 组别 | 体重/g | | | | | |
|------|------|------|------|------|------|------|
| Ⅰ饲料 | 15.0 | 13.4 | 12.7 | 19.2 | 14.3 | 14.8 |
| Ⅱ饲料 | 10.9 | 12.8 | 8.3 | 14.4 | | |
| Ⅲ饲料 | 10.3 | 10.1 | 8.8 | 11.5 | 10.3 | |
| Ⅳ饲料 | 9.2 | 6.7 | 8.9 | 11.0 | 10.2 | 7.6 | 7.8 |
| Ⅴ饲料 | 13.5 | 12.7 | 16.4 | | | |

24. 欲比较 4 种饲料对仔猪增重效果的优劣，随机选取了性别、年龄、体重相同，无亲缘关系的 20 头猪，随机分为 4 组，每组 5 头，分别饲喂一种饲料，所得增重数据如表 7 - 65 所示。试利用这些数据分析 4 种饲料对仔猪增重效果是否有显著性差异。

**表 7 - 65**

单位：kg

| 饲料 | 增重 | | | | |
|------|------|------|------|------|------|
| 1 | 57 | 37 | 54 | 42 | 60 |
| 2 | 13 | 39 | 41 | 33 | 19 |
| 3 | 13 | 15 | 13 | 29 | 20 |
| 4 | 18 | 24 | 38 | 22 | 13 |

25. 5 组不同品种的仔猪在相同的饲养管理条件下的增重记录见表 7 - 66。对这些资料进行方差分析。

**表 7 - 66**

单位：kg

| 组别 | 增重 | | | | | |
|------|------|------|------|------|------|------|
| A | 40 | 24 | 46 | 20 | 35 | 30 |
| B | 29 | 27 | 39 | 20 | 45 | 25 |
| C | 41 | 61 | 47 | 67 | 69 | 40 |
| D | 27 | 31 | 38 | 43 | 31 | 20 |
| E | 24 | 30 | 26 | 35 | 33 | 32 |

26. 表 7 - 67 是用同一公猪配种的 3 头母猪所产各仔猪断乳时的体重，这些仔猪的饲养管理条件相同，试分析不同母猪对仔猪断乳体重影响是否有显著性差异。

**表 7 - 67**

单位：kg

| 母猪 | 仔猪断乳体重 | | | | | | | | |
|------|------|------|------|------|------|------|------|------|------|
| 1 | 24.0 | 22.5 | 24.0 | 20.0 | 22.0 | 23.0 | 22.0 | 22.5 | |
| 2 | 19.0 | 19.5 | 20.0 | 23.5 | 19.0 | 21.0 | 16.5 | | |
| 3 | 16.0 | 16.0 | 15.0 | 20.5 | 14.0 | 17.5 | 15.0 | 15.5 | 19.0 |

27. 某猪场选用 28 头仔猪，随机分为 4 组，每组 7 头。28 头仔猪分别单圈饲养，用 4 种饲料进行饲养试验，仔猪在实验期的增重见表 7-68，试检验 4 种不同饲料效果间有无显著性差异？

表 7-68

| 饲料 | 增重/kg | | | | | | |
|---|---|---|---|---|---|---|---|
| $A_1$ | 34.5 | 35.1 | 33.8 | 40.3 | 42.5 | 24.6 | 16.8 |
| $A_2$ | 27.5 | 33.5 | 31.6 | 34.7 | 41.0 | 27.6 | 22.4 |
| $A_3$ | 20.2 | 24.8 | 20.6 | 22.3 | 16.5 | 20.4 | 25.5 |
| $A_4$ | 28.2 | 11.9 | 23.4 | 20.9 | 24.9 | 14.6 | 13.5 |

28. 以稻草（$A_1$）、麦草（$A_2$）、花生秸（$A_3$）三种培养基，在 28 ℃（$B_1$）、32 ℃（$B_2$）、36 ℃（$B_3$）三种温度下，培养草菇菌种，研究其菌丝生长速度，记录从接种到菌丝发满菌瓶的天数，试验结果如表 7-69 所示。试做方差分析。

表 7-69

单位：d

| 培养基 | 温度/℃ | | | | | | | | |
|---|---|---|---|---|---|---|---|---|---|
| | $B_1$ | | | $B_2$ | | | $B_3$ | | |
| $A_1$ | 5.1 | 4.3 | 4.6 | 4.1 | 4.7 | 4.2 | 5.6 | 4.9 | 5.3 |
| $A_2$ | 6.4 | 6.3 | 5.9 | 5.3 | 5.7 | 5.5 | 6.1 | 5.9 | 6.3 |
| $A_3$ | 6.5 | 6.9 | 7.1 | 7.5 | 7.9 | 7.3 | 7.9 | 8.1 | 7.5 |

29. 为判断 4 种人工饲料配方对斜纹夜蛾幼虫增重的影响，选取 20 头幼虫随机分为 4 组，每组 5 头，饲喂不同配方的饲料，一段时间后幼虫的增重数据如表 7-70 所示，请对试验结果进行方差分析并做多重比较。

表 7-70

| 配方 | 增重/mg | | | | |
|---|---|---|---|---|---|
| $A$ | 133 | 144 | 135 | 149 | 143 |
| $B$ | 163 | 148 | 152 | 146 | 157 |
| $C$ | 210 | 233 | 220 | 226 | 229 |
| $D$ | 195 | 180 | 199 | 187 | 193 |

30. 在 5 种不同温度下研究柑橘黑色蒂腐病菌菌落的生长与温度的关系，在接种后不同天数测量其生长速度，数据如表 7-71 所示，试进行方差分析。

表 7-71

| 温度/℃ | 接种后天数 | | | |
|---|---|---|---|---|
| | $B_1$ (1 d) | $B_2$ (2 d) | $B_3$ (3 d) | $B_4$ (4 d) |
| $A_1$ (17.5) | 0.3 | 1.3 | 2.6 | 3.5 |
| $A_2$ (21.0) | 0.3 | 1.7 | 2.9 | 4.0 |

| 温度/℃ | 接种后天数 | | | |
|---|---|---|---|---|
| | $B_1$ （1 d） | $B_2$ （2 d） | $B_3$ （3 d） | $B_4$ （4 d） |
| $A_3$ （24.5） | 0.9 | 3.0 | 6.6 | 7.5 |
| $A_4$ （27.5） | 1.7 | 4.8 | 9.0 | 9.0 |
| $A_5$ （30.5） | 1.2 | 2.7 | 5.2 | 7.4 |

31. 有一单因子试验，对 4 种配合饲料做比较试验，每种饲料各有条件基本相同的供试猪 10 头，试验后猪的日增重如表 7-72 所示，试做方差分析。

**表 7-72**

| 饲料 | 增重/ kg | | | | | | | | | |
|---|---|---|---|---|---|---|---|---|---|---|
| Ⅰ 号料 | 0.90 | 0.81 | 0.75 | 0.81 | 0.86 | 0.69 | 0.74 | 0.69 | 0.81 | 0.59 |
| Ⅱ 号料 | 0.63 | 0.80 | 0.72 | 0.66 | 0.76 | 0.66 | 0.63 | 0.64 | 0.58 | 0.56 |
| Ⅲ 号料 | 0.58 | 0.64 | 0.60 | 0.59 | 0.68 | 0.57 | 0.62 | 0.73 | 0.57 | 0.49 |
| Ⅳ 号料 | 0.53 | 0.59 | 0.65 | 0.63 | 0.55 | 0.55 | 0.56 | 0.45 | 0.52 | 0.51 |

# 习题五　卡方检验

1. 调查两医院乳腺癌术后 5 年的生存情况，甲医院共有 755 例，生存数为 485 人；乙医院共有 383 例，生存数为 257 人，问两医院乳腺癌术后 5 年的生存率有无显著差别。

2. 研究甲乙两种药对某病的治疗效果，甲药治疗病畜 70 例，治愈 53 例；乙药治疗 75 例，治愈 62 例。问两种药物的治愈率是否有显著性差异？

3. 某养猪场第一年饲养 PIC 品种商品仔猪 10000 头，死亡 980 头；第二年饲养 PIC 品种商品仔猪 10000 头，死亡 950 头，试检验第一年仔猪死亡率与第二年仔猪死亡率是否有显著差异？

4. 用 A、B 两种处方处理犬股动脉全断后大出血试验，A 处方处理了 70 只犬，B 处方处理了 60 只犬，结果见表 7-73。试进行假设检验，比较两种处方止血效果有无显著性差异。

**表 7-73**

| 处方 | 成功 | 未成功 | 合计 |
|---|---|---|---|
| A | 40 | 30 | 70 |
| B | 10 | 50 | 60 |
| 合计 | 50 | 80 | 130 |

5. 观察 3 个地区的花生污染黄曲霉毒素 $B_1$ 的情况如表 7-74 所示，试问 3 个地区花生黄曲霉毒素 $B_1$ 污染率有无差别？

表 7 - 74

| 地区 | 污染 | 未污染 | 合计 |
|------|------|--------|------|
| 甲 | 23 | 6 | 29 |
| 乙 | 14 | 30 | 44 |
| 丙 | 3 | 8 | 11 |
| 合计 | 40 | 44 | 84 |

6. 某林场狩猎得到 143 只野兔，其中雄性 57 只，雌性 86 只，试检验该种野兔的性别比是否符合 1∶1 的理论比例？

7. 某乡 10 岁以下的 747 名儿童中有 421 名男孩在 95％的置信水平下，估计该群儿童的性别比例是否合理？

8. 现对某种药物的不同给药方式对病症的治愈情况进行调查，在内服和外敷两种方式下分别随机调查了 200 名患者，发现内服者中有效人数为 168 名，而外敷者中有效人数为 106 名，试检验这两种给药方式是否有差异。

9. 观察 A、B、C 三种降血脂药的临床疗效，根据患者的血脂下降程度将疗效分为有效组与无效组，结果如表 7 - 75 所示，问三种药物的降血脂效果是否一样？

表 7 - 75

| 药物 | 有效 | 无效 | 合计 |
|------|------|------|------|
| A | 120 | 25 | 145 |
| B | 50 | 27 | 77 |
| C | 40 | 22 | 62 |
| 合计 | 210 | 74 | 284 |

10. 某生物药厂研制出新的疫苗，为检验其免疫力，用 200 只鸡进行试验。试验组 100 只注射新疫苗后，发病的有 10 只，不发病的有 90 只；对照组 100 只注射原疫苗，发病的有 15 只，不发病的有 85 只，试问新旧疫苗的免疫力是否有差异？

11. 某猪场 102 头仔猪中，公的 54 头，母的 48 头，问是否符合家畜性别 1∶1 的理论比例。

12. 甲、乙、丙 3 个奶牛场的高产奶牛和低产奶牛头数见表 7 - 76，问 3 个奶牛场高、低产奶牛的构成比是否有差异。

表 7 - 76

单位：头

| 场地 | 高产奶牛 | 低产奶牛 |
|------|----------|----------|
| 甲 | 32 | 18 |
| 乙 | 28 | 26 |
| 丙 | 38 | 10 |

13. 分析山羊毛色的遗传特点，调查了 356 只白色羊与黑色羊杂交子二代的毛色，有

283 只为白色，73 只为黑色，问毛色分离比是否符合 3：1 的分离定律？

14. 调查某鸡场的 2538 只鸡的性别，有公鸡 1253 只，母鸡 1285 只，试检验该资料中鸡的性别比例是否符合 1：1 的性别比。

15. 两对相对性状杂交的子二代中，4 种表现型 A_B_、A_bb、aaB_、aabb 的观测频数依次为：362、124、113、33，试分析这两对相对性状的遗传是否符合自由组合定律。

16. 对某药物规定治愈率 80％为合格，现调查用该药治疗的病畜 50 头，结果有 35 头治愈，15 头未治愈，问该批次药物是否合格。

17. 某防疫站对定点销售猪肉及零售点猪肉胴体的表层沙门菌进行检查，检查结果见表 7-77，试分析猪肉带菌与否与销售点是否有关。

表 7-77

| 取样点 | 带菌头数 | 未带菌头数 |
|---|---|---|
| 零售点 | 12 | 26 |
| 定点销售点 | 5 | 45 |

18. 为比较新研制的 4 种药物（A、B、C、D）对禽流感的防治效果，80 只病鸡分为 4 组（每组 20 只），分别用 4 种药物防治，各组治疗情况见表 7-78，试分析治疗情况与药物是否有关。

表 7-78

| 药物 | A | B | C | D |
|---|---|---|---|---|
| 治愈只数 | 12 | 12 | 15 | 18 |
| 死亡只数 | 8 | 8 | 5 | 2 |

19. 调查 A、B、C 三个品种各 50 头母猪的产仔情况，结果见表 7-79，试分析 3 个品种的产仔数是否相同。

表 7-79

| 品种 | 9 头及以下 | 9～11 头 | 12～14 头 | 15 头及以上 |
|---|---|---|---|---|
| A | 10 | 23 | 17 | 0 |
| B | 5 | 18 | 26 | 1 |
| C | 3 | 11 | 33 | 3 |

20. 调查某养殖场 162 头仔猪，其中母猪 84 头，公猪 78 头，试分析该资料是否符合家畜性别 1：1 的遗传比例。

21. 某种动物两对性状杂交试验的子二代（$F_2$ 代）中，四种表型 A_B_、A_bb、aaB_、aabb 的观察频数分别为：388、153、131、71 头，请问试验结果是否符合 9：3：3：1 的理论比例？

22. 研究 A、B 两种药物对某病的治疗效果，A 药治疗病畜 62 例，治愈 46 例；B 药治疗 86 例，治愈 66 例。问两种药物的治疗效果是否相同？

23. 调查 A、B、C、D 四个地区的高产奶牛、低产奶牛头数如表 7-80 所示，试分析这 4 个地区的高产奶牛、低产奶牛的构成比是否有差异。

**表 7-80**

| 奶牛头数 | A | B | C | D |
|---|---|---|---|---|
| 高产奶牛 | 126 | 116 | 159 | 135 |
| 低产奶牛 | 96 | 42 | 72 | 65 |

24. 研究甲、乙、丙 3 种兽药对家畜某病的治疗效果，甲药治疗病畜 80 例，乙药治疗病畜 85 例，病药治疗病畜 60 例，治疗情况如表 7-81 所示，问 3 种药物的治疗效果是否相同？

**表 7-81**

| 地区 | 治愈 | 好转 | 死亡 |
|---|---|---|---|
| 甲 | 46 | 31 | 3 |
| 乙 | 58 | 25 | 2 |
| 丙 | 33 | 25 | 2 |

25. 对 3 组黑山羊分别喂 A、B、C 三种不同的饲料，各组发病频数统计见表 7-82，问黑山羊发病频数的构成比与所喂饲料是否有关？

**表 7-82**

单位：只

| 发病频数 | 饲料 | | |
|---|---|---|---|
| | A | B | C |
| 0 | 19 | 16 | 17 |
| 1 | 8 | 12 | 10 |
| 2 | 7 | 6 | 8 |
| 3 | 4 | 4 | 3 |
| 4 | 2 | 2 | 2 |

26. 在孵化的鸡蛋内注入雌激素以达到性别控制的目的，孵出的 20 只小鸡中公母比例为 6：14，问这一措施能否使小鸡的雌性比例提高？

27. 果蝇杂交实验中，用基因型为 AABB 的果蝇与基因型为 aabb 的果蝇交配，$F_1$ 代全部表现为灰身长翅，$F_1$ 代自交，$F_2$ 代有 4 种表现型，其类型和数量如下：灰身长翅 175 只，灰身残翅 42 只，黑身长翅 38 只，黑身残翅 25 只。问 F2 代四种表现型是否符合 9：3：3：1 的比例。

28. 为了检验新措施对防治仔猪白痢是否优于传统措施（对照），研究试验后得到如表 7-83 所示资料，试分析两种措施有无显著差异。

表7-83

| 采取措施 | 治愈 | 死亡 |
| --- | --- | --- |
| 传统措施（对照） | 114 | 36 |
| 新措施 | 132 | 18 |

29. 对甲乙两地水牛体型进行调查，将牛的体型按优、良、中、劣分成4个等级，其结果如表7-84所示，试问两地水牛体型构成比有无差异。

表7-84

| 地区 | 优 | 良 | 中 | 劣 |
| --- | --- | --- | --- | --- |
| 甲 | 10 | 10 | 60 | 10 |
| 乙 | 10 | 5 | 20 | 10 |

30. 用 A、B 两种药物治疗病人，用 A 药的9人中有8人痊愈，1人未愈；用 B 药的9人中有3人痊愈，6人未愈，问 A、B 两种药物的疗效有无显著差别？

31. 对20份痰液标本分别用 A 和 B 两种培养基进行培养，结果如表7-85所示，试检验两种培养基的培养效果是否有差异。

表7-85

| | | A 培养基 | |
| --- | --- | --- | --- |
| | | − | + |
| B 培养基 | − | 7 | 1 |
| | + | 10 | 2 |

32. 用常羽鸡与翻毛鸡杂交，$F_1$ 代全部为翻毛鸡，$F_1$ 代自交后得200只雏鸡，其中翻毛鸡143只，常羽鸡57只，问鸡的羽毛是否受一对具有显隐性关系的基因控制？

33. 有30份痰液标本分别接种在 A 和 B 两种培养基，结核杆菌生长情况如表7-86所示，请检验两种培养基的培养能力是否有差异？

表7-86

| A 培养基 | B 培养基 | 计数 |
| --- | --- | --- |
| + | + | 10 |
| + | − | 3 |
| − | + | 15 |
| − | − | 2 |

34. 为了解某种血清对牛的某种疾病的治疗效果，用22头病牛进行试验，其中10头牛注射血清，12头牛不注射，其结果如表7-87所示，试检验该血清是否有疗效。

**表 7 - 87**

| 是否注射血清 | 治愈 | 未治愈 |
|---|---|---|
| 注射 | 7 | 3 |
| 不注射 | 4 | 8 |

35. 现有 1700 只羔羊皮的分级资料如表 7 - 88 所示，试检验羔皮品质与每胎羔数有无关系。

**表 7 - 88**

| 每胎羔数 | 羔皮品质 | | | |
|---|---|---|---|---|
| | 甲级 | 乙级 | 丙级 | 等外级 |
| 1 | 31 | 123 | 14 | 10 |
| 2 | 108 | 433 | 60 | 25 |
| 3 | 24 | 129 | 56 | 40 |
| 4 | 0 | 4 | 5 | 3 |
| 5 | 0 | 0 | 0 | 5 |

36. 两对相对性状杂交子二代 A _ B _ 、A _ bb、aaB _ 、aabb 四种表现型的观察频数依次为：315、108、101、32，问是否符合 9∶3∶3∶1 的遗传比例？

37. 某防疫站对屠宰场及食品零售点猪肉的表皮进行沙门菌带菌情况检验，结果如表 7 - 89 所示，问屠宰场与零售点猪肉带菌率有无显著差异。

**表 7 - 89**

| 采样地点 | 带菌头数 | 不带菌头数 | 合计 |
|---|---|---|---|
| 屠宰场 | 8 | 32 | 40 |
| 零售点 | 14 | 16 | 30 |
| 合计 | 22 | 48 | 70 |

38. 对云南 3 个黄牛保种基地县进行黄牛肉用性能外形调查，划分为优、良、中、下四个等级，试问 3 个地区黄牛肉用性能各等级构成比差异是否显著？

**表 7 - 90**

| 地区 | 优 | 良 | 中 | 下 | 合计 |
|---|---|---|---|---|---|
| 甲 | 10 | 10 | 60 | 10 | 90 |
| 乙 | 10 | 5 | 20 | 10 | 45 |
| 丙 | 5 | 5 | 23 | 6 | 39 |
| 合计 | 25 | 20 | 103 | 26 | 174 |

# 习题六　相关与回归

1. 测定 15 名健康成年人血液中一般凝血酶浓度（$x$）及血液的凝固时间（$y$），测定结果如表 7-91 所示，试建立直线回归方程。

表 7-91

| 凝血酶浓度<br>（$x$）/(IU/mL) | 1.1 | 1.2 | 1.0 | 0.9 | 1.2 | 1.1 | 0.9 | 0.9 | 1.0 | 0.9 | 1.1 | 0.9 | 1.1 | 1.0 | 0.8 |
|---|---|---|---|---|---|---|---|---|---|---|---|---|---|---|---|
| 凝固时间<br>（$y$）/s | 14 | 13 | 15 | 15 | 13 | 14 | 16 | 15 | 14 | 16 | 15 | 16 | 14 | 15 | 17 |

2. 表 7-92 是某地区 4 月下旬平均气温与 5 月上旬 50 株棉苗蚜虫数的资料，试建立直线回归方程。

表 7-92

| 年份 | 1999 | 2000 | 2001 | 2002 | 2003 | 2004 | 2005 | 2006 | 2007 | 2008 | 2009 | 2010 |
|---|---|---|---|---|---|---|---|---|---|---|---|---|
| 气温/℃ | 19.3 | 26.6 | 18.1 | 17.4 | 17.5 | 16.9 | 16.9 | 19.1 | 17.9 | 17.5 | 18.1 | 19.0 |
| 蚜虫/只 | 86 | 197 | 8 | 29 | 28 | 29 | 23 | 12 | 14 | 64 | 50 | 112 |

3. 研究代乳粉营养价值时，选用大鼠做试验，大鼠进食量 $x$ 和体重增加量 $y$ 数据如表 7-93 所示，试建立直线回归方程。

表 7-93

| 鼠号 | 1 | 2 | 3 | 4 | 5 | 6 | 7 | 8 |
|---|---|---|---|---|---|---|---|---|
| 进食量（$x$）/g | 800 | 780 | 720 | 867 | 690 | 787 | 934 | 750 |
| 增重量（$y$）/g | 185 | 158 | 130 | 180 | 134 | 167 | 186 | 133 |

4. 现有 8 头梅山猪的瘦肉率与后腿比率资料如表 7-94 所示，试对其瘦肉率与后腿比率进行相关分析，并进行显著性检验。

表 7-94

单位：%

| 后腿比率 | 30.48 | 38.32 | 29.73 | 29.32 | 35.68 | 26.55 | 30.96 | 31.24 |
|---|---|---|---|---|---|---|---|---|
| 瘦肉率 | 44.10 | 48.65 | 44.52 | 41.59 | 45.83 | 38.45 | 43.70 | 45.77 |

5. 某地区儿童年龄（$x$）与平均身高（$y$）的数据如表 7-95 所示，试建立回归方程。

表 7-95

| 年龄（$x$）/岁 | 4.5 | 5.5 | 6.5 | 7.5 | 8.5 | 9.5 | 10.5 |
|---|---|---|---|---|---|---|---|
| 身高（$y$）/cm | 101.1 | 106.6 | 112.1 | 116.1 | 121.0 | 125.5 | 129.2 |

6. 正常女婴年龄（$x$）与胸围（$y$）的关系如表 7-96 所示，试建立 $y$ 对 $x$ 的回归方程，并检验回归显著性。

**表 7 - 96**

| 年龄（$x$）/月 | 1 | 2 | 3 | 4 | 5 | 6 | 8 | 10 | 12 | 15 |
| --- | --- | --- | --- | --- | --- | --- | --- | --- | --- | --- |
| 胸围（$y$）/cm | 36 | 39 | 40 | 41 | 42 | 43 | 44 | 44 | 45 | 46 |

7. 现有 10 头育肥猪的饲料消耗（$x$）和增重（$y$）资料如表 7 - 97 所示，对增重与饲料消耗进行直线回归和相关分析。

**表 7 - 97**

| 饲料消耗（$x$）/kg | 191 | 167 | 194 | 158 | 200 | 179 | 178 | 174 | 170 | 175 |
| --- | --- | --- | --- | --- | --- | --- | --- | --- | --- | --- |
| 增重（$y$）/kg | 33 | 11 | 42 | 24 | 38 | 44 | 38 | 37 | 30 | 35 |

8. 某地方奶牛场测得 10 头黑白花奶牛 90 d 与 305 d 的产乳量资料，试计算黑白花奶牛 90 d 产乳量（$x$）与 305 d 产乳量（$y$）的回归系数，并建立回归方程。

**表 7 - 98**

单位：kg

| 标号 | 1 | 2 | 3 | 4 | 5 | 6 | 7 | 8 | 9 | 10 |
| --- | --- | --- | --- | --- | --- | --- | --- | --- | --- | --- |
| 90 d 产乳量（$x$） | 1562 | 1824 | 2080 | 1928 | 2248 | 2629 | 2551 | 2382 | 2167 | 2453 |
| 305 d 产乳量（$y$） | 5122 | 4677 | 5702 | 6298 | 6980 | 7726 | 7162 | 6343 | 6134 | 7186 |

9. 为了确定胰岛素注射量对血糖含量的影响，对在相同条件下繁殖的 12 只大鼠分别给予注射不同剂量的胰岛素后，并测定了各大鼠血糖减少量的数据见表 7 - 99。试计算胰岛素注射量与血糖减少量的决定系数和相关系数。

**表 7 - 99**

| 标号 | 1 | 2 | 3 | 4 | 5 | 6 |
| --- | --- | --- | --- | --- | --- | --- |
| 胰岛素注射量/g | 0.10 | 0.15 | 0.20 | 0.25 | 0.30 | 0.35 |
| 血糖减少量/g | 22 | 23 | 28 | 34 | 35 | 44 |
| 标号 | 7 | 8 | 9 | 10 | 11 | 12 |
| 胰岛素注射量/g | 0.40 | 0.45 | 0.50 | 0.55 | 0.60 | 0.65 |
| 血糖减少量/g | 47 | 50 | 52 | 56 | 65 | 66 |

10. 为研究某品种羔羊的出生日龄与断乳重的关系，现测得某饲养场 20 只羔羊的日龄和断乳重的资料见表 7 - 100。试对出生日龄与断乳重进行直线回归关系分析。

**表 7 - 100**

| 日龄/d | 147 | 143 | 141 | 140 | 136 | 136 | 134 | 132 | 129 | 124 |
| --- | --- | --- | --- | --- | --- | --- | --- | --- | --- | --- |
| 断乳重/kg | 26 | 27 | 26.5 | 25.5 | 25 | 27 | 25 | 22.5 | 23 | 22 |
| 日龄/d | 120 | 115 | 110 | 105 | 102 | 98 | 93 | 80 | 68 | 61 |
| 断乳重/kg | 21 | 21.5 | 19 | 17.5 | 17 | 17 | 16 | 17 | 15.5 | 14.5 |

11. 现测得某养猪场 10 头育肥猪的饲料消耗（$x$）和增重（$y$）的资料见表 7 - 101，试

对该猪场育肥猪的增重与饲料消耗两个性状指标进行直线回归分析。

表 7 - 101

单位：kg

| 饲料消耗（$x$） | 167 | 194 | 158 | 200 | 191 | 178 | 174 | 170 | 175 | 179 |
|---|---|---|---|---|---|---|---|---|---|---|
| 增重（$y$） | 26 | 42 | 24 | 38 | 35 | 38 | 37 | 30 | 35 | 42 |

12. 某城镇物价部门统计了该地区 12 年来市场饲料价格和鸡蛋价格的相关资料见表 7 - 102，试对该地饲料价格（$x$）和鸡蛋价格（$y$）进行直线回归分析。

表 7 - 102

单位：元

| 饲料价格（$x$） | 1.7 | 1.5 | 1.32 | 1.34 | 1.35 | 1.23 |
|---|---|---|---|---|---|---|
| 鸡蛋价格（$y$） | 7.58 | 7.23 | 5.04 | 5.2 | 5.8 | 4.13 |
| 饲料价格（$x$） | 1.08 | 1.21 | 1.25 | 1.36 | 1.28 | 1.13 |
| 鸡蛋价格（$y$） | 4.22 | 4.62 | 4.12 | 6.03 | 5.96 | 4.51 |

13. 现有 10 头育肥猪背膘厚与瘦肉率的资料见表 7 - 103，试做相关与回归分析。

表 7 - 103

| 背膘厚/cm | 4.02 | 3.91 | 3.86 | 3.63 | 3.34 | 3.14 | 3.03 | 3.03 | 2.97 | 2.78 |
|---|---|---|---|---|---|---|---|---|---|---|
| 瘦肉率/% | 54.64 | 53.38 | 54.49 | 53.88 | 57.54 | 59.40 | 59.84 | 58.62 | 57.00 | 60.56 |

14. 在西安地区某牛奶群随机抽取泌乳母牛 10 头，测定其 150 d 与 305 d 产乳量，其资料整理见表 7 - 104，试做直线回归分析。

表 7 - 104

单位：kg

| 305 d 产乳量 | 43 | 34 | 33 | 35 | 44 | 33 | 36 | 36 | 41 | 35 |
|---|---|---|---|---|---|---|---|---|---|---|
| 105 d 产乳量 | 77 | 63 | 57 | 55 | 76 | 51 | 66 | 57 | 73 | 50 |

15. 现有 10 头动物体重与饲料消耗量的数据见表 7 - 105，试建立饲料消耗量对体重的回归方程，并对回归关系、回归系数进行显著性检验。

表 7 - 105

单位：kg

| 体重 | 4.6 | 5.1 | 4.8 | 4.4 | 5.9 | 4.7 | 5.1 | 5.2 | 4.9 | 5.1 |
|---|---|---|---|---|---|---|---|---|---|---|
| 饲料消耗 | 87.1 | 93.1 | 89.8 | 91.4 | 99.5 | 92.1 | 95.5 | 99.3 | 93.4 | 94.4 |

16. 设有如表 7 - 106 所示两个试验的数据，分别进行 $Y$ 对 $X$ 的回归分析，并进行比较。

表 7 - 106

| 试验 1 | | 试验 2 | |
|---|---|---|---|
| $X_1$ | $Y_1$ | $X_2$ | $Y_2$ |
| 2.8 | 18.33 | 3.6 | 20.67 |
| 3.7 | 15.91 | 2.9 | 23.03 |

（续）

| 试验 1 | | 试验 2 | |
|---|---|---|---|
| $X_1$ | $Y_1$ | $X_2$ | $Y_2$ |
| 3.6 | 16.37 | 3.8 | 20.68 |
| 3.2 | 17.50 | 3.2 | 21.71 |
| 4.1 | 15.52 | 3.9 | 20.52 |
| 2.6 | 18.85 | 3.0 | 22.67 |
| 3.6 | 16.79 | 2.5 | 23.32 |
| 3.4 | 16.45 | 2.7 | 23.15 |
| 3.8 | 16.51 | | |
| 2.7 | 17.88 | | |

17. 调查了某品种猪 7 窝仔猪的初生平均个体重与 20 日龄平均个体重资料如表 7-107 所示，试做相关与回归分析。求：20 日龄平均个体重对初生平均个体重的线性回归方程，并对回归方程和回归系数进行显著性检验。

表 7-107

单位：kg

| 初生平均个体重 | 1.663 | 1.492 | 1.420 | 1.315 | 1.245 | 1.243 | 1.157 |
|---|---|---|---|---|---|---|---|
| 20 日龄平均个体重 | 5.925 | 5.177 | 5.110 | 4.914 | 4.883 | 4.824 | 4.790 |

18. 测定了 10 头杜洛克猪的瘦肉率与背膘厚，结果如表 7-108 所示。求：杜洛克猪瘦肉率对背膘厚的回归方程，并进行显著性检验。

表 7-108

| 瘦肉率/% | 62.20 | 59.37 | 59.65 | 63.01 | 56.72 | 61.30 | 63.13 | 64.73 | 64.41 | 60.47 |
|---|---|---|---|---|---|---|---|---|---|---|
| 背膘厚/mm | 13.01 | 14.08 | 13.69 | 13.10 | 14.52 | 13.22 | 12.49 | 12.00 | 12.80 | 13.68 |

19. 测定饲料中总磷含量的结果如表 7-109 所示，试绘制磷标准曲线和回归方程。

表 7-109

| 容量瓶序号 | 1 | 2 | 3 | 4 | 5 | 6 |
|---|---|---|---|---|---|---|
| 磷含量/μg | 0 | 50 | 100 | 200 | 400 | 800 |
| 吸光度 | 0 | 0.087 | 0.176 | 0.348 | 0.675 | 1.373 |

20. 根据 20 头鲁西黄牛的胸围和体重数据见表 7-110，试建立体重对胸围的回归方程。

表 7 - 110

| 序号 | 胸围/cm | 体重/kg | 序号 | 胸围/cm | 体重/kg |
|------|---------|---------|------|---------|---------|
| 1 | 186.0 | 462 | 11 | 172.0 | 378 |
| 2 | 186.0 | 496 | 12 | 192.0 | 446 |
| 3 | 193.0 | 458 | 13 | 180.0 | 396 |
| 4 | 193.0 | 463 | 14 | 183.0 | 426 |
| 5 | 172.0 | 388 | 15 | 193.0 | 506 |
| 6 | 188.0 | 485 | 16 | 187.0 | 457 |
| 7 | 197.0 | 456 | 17 | 190.0 | 506 |
| 8 | 175.0 | 392 | 18 | 189.0 | 455 |
| 9 | 175.0 | 398 | 19 | 183.0 | 478 |
| 10 | 185.0 | 437 | 20 | 191.0 | 454 |

21. 表 7 - 111 给出了 10 头杜洛克猪的瘦肉率和眼肌面积的测定数据。试建立瘦肉率对眼肌面积的直线回归方程，并进行显著性检验。

表 7 - 111

| 猪号 | 1 | 2 | 3 | 4 | 5 | 6 | 7 | 8 | 9 | 10 |
|------|---|---|---|---|---|---|---|---|---|----|
| 瘦肉率/％ | 62.20 | 59.37 | 59.65 | 63.01 | 56.72 | 61.30 | 63.13 | 64.73 | 64.41 | 60.47 |
| 眼肌面积/cm² | 43.25 | 41.07 | 43.83 | 48.13 | 36.77 | 40.49 | 45.52 | 46.70 | 49.92 | 42.40 |

22. 给马注射不同剂量的 $50\%NaHCO_3$（mL），测定注射前后马的血清中 $CO_2 - CP$ 含量（％）差值结果如表 7 - 112 所示，试以注射前后的马的血清中 $CO_2 - CP$ 含量为自变量，以 $50\%NaHCO_3$ 的注射剂量为依变量进行回归分析，并对回归关系和回归系数进行显著性检验。

表 7 - 112

| 编号 | 1 | 2 | 3 | 4 | 5 | 6 | 7 | 8 | 9 | 10 |
|------|---|---|---|---|---|---|---|---|---|----|
| $CO_2 - CP$ 差值/％ | 4.5 | 3.4 | 8.4 | 7.8 | 16.8 | 12.9 | 16.8 | 14.6 | 19.6 | 16.2 |
| 注射剂量/mL | 500 | 500 | 1000 | 1000 | 1500 | 1500 | 2000 | 2000 | 2000 | 2000 |

23. 某猪场测量 20 头后备母猪的胸围与体重资料见表 7 - 113，试做相关与回归分析。

表 7 - 113

| 猪序号 | 1 | 2 | 3 | 4 | 5 | 6 | 7 | 8 | 9 | 10 |
|--------|---|---|---|---|---|---|---|---|---|----|
| 胸围/cm | 35 | 35 | 35 | 33 | 32 | 33 | 36 | 33 | 36 | 35 |
| 体重/kg | 33 | 30 | 29 | 28 | 30 | 27 | 34 | 31 | 31 | 30 |
| 猪序号 | 11 | 12 | 13 | 14 | 15 | 16 | 17 | 18 | 19 | 20 |
| 胸围/cm | 34 | 36 | 38 | 35 | 32 | 38 | 37 | 35 | 35 | 34 |
| 体重/kg | 28 | 36 | 43 | 31 | 25 | 38 | 33 | 34 | 32 | 30 |

24. 测定了 10 头长白猪的瘦肉率与背膘厚，结果如表 7-114 所示。求：大白猪的瘦肉率对背膘厚的回归方程，并进行显著性检验。

表 7-114

| 瘦肉率/% | 56.46 | 60.60 | 58.75 | 63.80 | 60.92 | 67.15 | 64.03 | 65.05 | 64.80 | 67.83 |
| 背膘厚/mm | 13.98 | 13.03 | 13.90 | 11.84 | 12.22 | 11.06 | 11.54 | 11.41 | 11.57 | 10.52 |

25. 犬的红细胞数和填充细胞体长度的关系数据如表 7-115 所示，试建立红细胞数对填充细胞长度的回归方程。

表 7-115

| 序号 | 1 | 2 | 3 | 4 | 5 | 6 | 7 | 8 | 9 | 10 |
| 细胞体长度/mm | 45 | 42 | 56 | 48 | 42 | 35 | 58 | 40 | 39 | 50 |
| 红细胞数/百万个 | 6.53 | 6.30 | 9.52 | 7.50 | 6.99 | 5.90 | 9.49 | 6.20 | 6.55 | 8.72 |

26. 采用考马斯亮蓝法测定某蛋白质含量，在作标准曲线时，测得以下蛋白质含量与吸光度的关系数据如表 7-116 所示。试建立蛋白质含量与吸光度的直线回归方程。

表 7-116

| 测定指标 | 1 | 2 | 3 | 4 | 5 | 6 | 7 |
| 吸光度（OD） | 0 | 0.208 | 0.375 | 0.501 | 0.679 | 0.842 | 1.064 |
| 蛋白质含量/% | 0 | 0.2 | 0.4 | 0.6 | 0.8 | 1.0 | 1.2 |

# 附　　录

**附表 1　t 分布的双侧分位数**

| df | α | | | | | | | | |
|---|---|---|---|---|---|---|---|---|---|
| | 0.5 | 0.4 | 0.3 | 0.2 | 0.1 | 0.05 | 0.02 | 0.01 | 0.001 |
| 1 | 1.000 | 1.376 | 1.963 | 3.078 | 6.314 | 12.706 | 31.821 | 63.657 | 636.619 |
| 2 | 0.816 | 1.061 | 1.386 | 1.886 | 2.920 | 4.303 | 6.965 | 9.925 | 31.598 |
| 3 | 0.765 | 0.978 | 1.250 | 1.638 | 2.353 | 3.182 | 4.541 | 5.841 | 12.924 |
| 4 | 0.741 | 0.941 | 1.190 | 1.533 | 2.132 | 2.776 | 3.747 | 4.604 | 8.610 |
| 5 | 0.727 | 0.920 | 1.156 | 1.476 | 2.015 | 2.571 | 3.365 | 4.032 | 6.859 |
| 6 | 0.718 | 0.906 | 1.134 | 1.440 | 1.943 | 2.447 | 3.143 | 3.707 | 5.959 |
| 7 | 0.711 | 0.896 | 1.119 | 1.415 | 1.895 | 2.365 | 2.998 | 3.499 | 5.405 |
| 8 | 0.706 | 0.889 | 1.108 | 1.397 | 1.860 | 2.306 | 2.896 | 3.355 | 5.041 |
| 9 | 0.703 | 0.883 | 1.100 | 1.383 | 1.833 | 2.262 | 2.821 | 3.250 | 4.781 |
| 10 | 0.700 | 0.879 | 1.093 | 1.372 | 1.812 | 2.228 | 2.764 | 3.169 | 4.587 |
| 11 | 0.697 | 0.876 | 1.088 | 1.363 | 1.796 | 2.201 | 2.718 | 3.106 | 4.437 |
| 12 | 0.695 | 0.873 | 1.083 | 1.365 | 1.782 | 2.179 | 2.681 | 3.055 | 4.318 |
| 13 | 0.694 | 0.870 | 1.079 | 1.350 | 1.771 | 2.160 | 2.650 | 3.012 | 4.221 |
| 14 | 0.692 | 0.868 | 1.076 | 1.345 | 1.761 | 2.145 | 2.624 | 2.977 | 4.140 |
| 15 | 0.691 | 0.866 | 1.074 | 1.341 | 1.753 | 2.131 | 2.602 | 2.947 | 4.073 |
| 16 | 0.690 | 0.865 | 1.071 | 1.337 | 1.746 | 2.120 | 2.583 | 2.921 | 4.015 |
| 17 | 0.689 | 0.863 | 1.069 | 1.333 | 1.740 | 2.110 | 2.567 | 2.898 | 3.965 |
| 18 | 0.688 | 0.862 | 1.067 | 1.330 | 1.734 | 2.101 | 2.552 | 2.878 | 3.922 |
| 19 | 0.688 | 0.861 | 1.066 | 1.328 | 1.729 | 2.093 | 2.539 | 2.861 | 3.883 |
| 20 | 0.687 | 0.860 | 1.064 | 1.325 | 1.725 | 2.086 | 2.528 | 2.845 | 3.850 |
| 21 | 0.686 | 0.859 | 1.063 | 1.323 | 1.721 | 2.080 | 2.518 | 2.831 | 3.819 |
| 22 | 0.686 | 0.858 | 1.061 | 1.321 | 1.717 | 2.074 | 2.508 | 2.819 | 3.792 |
| 23 | 0.685 | 0.858 | 1.060 | 1.319 | 1.714 | 2.069 | 2.500 | 2.807 | 3.767 |
| 24 | 0.685 | 0.857 | 1.059 | 1.318 | 1.711 | 2.064 | 2.492 | 2.797 | 3.745 |
| 25 | 0.684 | 0.856 | 1.058 | 1.316 | 1.708 | 2.060 | 2.485 | 2.787 | 3.725 |
| 26 | 0.684 | 0.856 | 1.058 | 1.315 | 1.706 | 2.056 | 2.479 | 2.779 | 3.707 |
| 27 | 0.684 | 0.855 | 1.057 | 1.314 | 1.703 | 2.052 | 2.473 | 2.771 | 3.690 |
| 28 | 0.683 | 0.855 | 1.056 | 1.313 | 1.701 | 2.048 | 2.467 | 2.763 | 3.674 |
| 29 | 0.683 | 0.854 | 1.055 | 1.311 | 1.699 | 2.045 | 2.462 | 2.756 | 3.659 |
| 30 | 0.683 | 0.854 | 1.055 | 1.310 | 1.697 | 2.042 | 2.457 | 2.750 | 3.646 |
| 40 | 0.681 | 0.851 | 1.050 | 1.303 | 1.684 | 2.021 | 2.423 | 2.704 | 3.551 |
| 60 | 0.679 | 0.848 | 1.046 | 1.296 | 1.671 | 2.000 | 2.390 | 2.660 | 3.460 |
| 120 | 0.677 | 0.845 | 1.041 | 1.289 | 1.658 | 1.980 | 2.358 | 2.617 | 3.373 |
| ∞ | 0.674 | 0.842 | 1.036 | 1.282 | 1.645 | 1.960 | 2.326 | 2.576 | 3.291 |

## 附表 2a  F 分布上侧分位数（$\alpha=0.05$）

| $df_1$ | $df_2$ | | | | | | | | | |
|---|---|---|---|---|---|---|---|---|---|---|
| | 1 | 2 | 3 | 4 | 5 | 6 | 7 | 8 | 9 | 10 |
| 1 | 161.40 | 18.51 | 10.13 | 7.71 | 6.61 | 5.99 | 5.59 | 5.32 | 5.12 | 4.96 |
| 2 | 199.50 | 19.00 | 9.55 | 6.94 | 5.79 | 5.14 | 4.74 | 4.46 | 4.26 | 4.10 |
| 3 | 215.70 | 19.16 | 9.28 | 6.59 | 5.41 | 4.76 | 4.35 | 4.07 | 3.86 | 3.71 |
| 4 | 224.60 | 19.25 | 9.12 | 6.39 | 5.19 | 4.53 | 4.12 | 3.84 | 3.63 | 3.48 |
| 5 | 230.20 | 19.30 | 9.01 | 6.26 | 5.05 | 4.39 | 3.97 | 3.69 | 3.48 | 3.33 |
| 6 | 234.00 | 19.33 | 8.94 | 6.16 | 4.95 | 4.28 | 3.87 | 3.58 | 3.37 | 3.22 |
| 7 | 236.80 | 19.35 | 8.89 | 6.09 | 4.88 | 4.21 | 3.79 | 3.50 | 3.29 | 3.14 |
| 8 | 238.90 | 19.37 | 8.85 | 6.04 | 4.82 | 4.15 | 3.73 | 3.44 | 3.23 | 3.07 |
| 9 | 240.50 | 19.38 | 8.81 | 6.00 | 4.77 | 4.10 | 3.68 | 3.39 | 3.18 | 3.02 |
| 10 | 241.90 | 19.40 | 8.79 | 5.96 | 4.74 | 4.06 | 3.64 | 3.35 | 3.14 | 2.98 |
| 12 | 243.90 | 19.41 | 8.74 | 5.91 | 4.68 | 4.00 | 3.57 | 3.28 | 3.07 | 2.91 |
| 15 | 245.90 | 19.43 | 8.70 | 5.86 | 4.62 | 3.94 | 3.51 | 3.22 | 3.01 | 2.85 |
| 20 | 248.00 | 19.45 | 8.66 | 5.80 | 4.56 | 3.87 | 3.44 | 3.15 | 2.94 | 2.77 |
| 24 | 249.10 | 19.45 | 8.64 | 5.77 | 4.53 | 3.84 | 3.41 | 3.12 | 2.90 | 2.74 |
| 30 | 250.10 | 19.46 | 8.62 | 5.75 | 4.50 | 3.81 | 3.38 | 3.08 | 2.86 | 2.70 |
| 40 | 251.10 | 19.47 | 8.59 | 5.72 | 4.46 | 3.77 | 3.34 | 3.04 | 2.83 | 2.66 |
| 60 | 252.20 | 19.48 | 8.57 | 5.69 | 4.43 | 3.74 | 3.30 | 3.01 | 2.79 | 2.62 |
| 120 | 253.30 | 19.49 | 8.55 | 5.66 | 4.40 | 3.70 | 3.27 | 2.97 | 2.75 | 2.58 |
| $\infty$ | 254.30 | 19.50 | 8.53 | 5.63 | 4.36 | 3.67 | 3.23 | 2.93 | 2.71 | 2.54 |

| $df_1$ | $df_2$ | | | | | | | | | |
|---|---|---|---|---|---|---|---|---|---|---|
| | 11 | 12 | 13 | 14 | 15 | 16 | 17 | 18 | 19 | 20 |
| 1 | 4.84 | 4.75 | 4.67 | 4.60 | 4.54 | 4.49 | 4.45 | 4.41 | 4.38 | 4.35 |
| 2 | 3.98 | 3.89 | 3.81 | 3.74 | 3.68 | 3.63 | 3.59 | 3.55 | 3.52 | 3.49 |
| 3 | 3.59 | 3.49 | 3.41 | 3.34 | 3.29 | 3.24 | 3.20 | 3.16 | 3.13 | 3.10 |
| 4 | 3.36 | 3.26 | 3.18 | 3.11 | 3.06 | 3.01 | 2.96 | 2.93 | 2.90 | 2.87 |
| 5 | 3.20 | 3.11 | 3.03 | 2.96 | 2.90 | 2.85 | 2.81 | 2.77 | 2.74 | 2.71 |
| 6 | 3.09 | 3.00 | 2.92 | 2.85 | 2.79 | 2.74 | 2.70 | 2.66 | 2.63 | 2.60 |
| 7 | 3.01 | 2.91 | 2.83 | 2.76 | 2.71 | 2.66 | 2.61 | 2.58 | 2.54 | 2.51 |
| 8 | 2.95 | 2.85 | 2.77 | 2.70 | 2.64 | 2.59 | 2.55 | 2.51 | 2.48 | 2.45 |
| 9 | 2.90 | 2.80 | 2.71 | 2.65 | 2.59 | 2.54 | 2.49 | 2.46 | 2.42 | 2.39 |
| 10 | 2.85 | 2.75 | 2.67 | 2.60 | 2.54 | 2.49 | 2.45 | 2.41 | 2.38 | 2.35 |
| 12 | 2.79 | 2.69 | 2.60 | 2.53 | 2.48 | 2.42 | 2.38 | 2.34 | 2.31 | 2.28 |
| 15 | 2.72 | 2.62 | 2.53 | 2.46 | 2.40 | 2.35 | 2.31 | 2.27 | 2.23 | 2.20 |
| 20 | 2.65 | 2.54 | 2.46 | 2.39 | 2.33 | 2.28 | 2.23 | 2.19 | 2.16 | 2.12 |
| 24 | 2.61 | 2.51 | 2.42 | 2.35 | 2.29 | 2.24 | 2.19 | 2.15 | 2.11 | 2.08 |
| 30 | 2.57 | 2.47 | 2.38 | 2.31 | 2.25 | 2.19 | 2.15 | 2.11 | 2.07 | 2.04 |
| 40 | 2.53 | 2.43 | 2.34 | 2.27 | 2.20 | 2.15 | 2.10 | 2.06 | 2.03 | 1.99 |
| 60 | 2.49 | 2.38 | 2.30 | 2.22 | 2.16 | 2.11 | 2.06 | 2.02 | 1.98 | 1.95 |
| 120 | 2.45 | 2.34 | 2.25 | 2.18 | 2.11 | 2.06 | 2.01 | 1.97 | 1.93 | 1.90 |
| $\infty$ | 2.40 | 2.30 | 2.21 | 2.13 | 2.07 | 2.01 | 1.96 | 1.92 | 1.88 | 1.84 |

| $df_1$ | $df_2$ | | | | | | |
|---|---|---|---|---|---|---|---|
| | 21 | 22 | 23 | 24 | 25 | 26 | 27 |
| 1 | 4.32 | 4.30 | 4.28 | 4.26 | 4.24 | 4.23 | 4.21 |
| 2 | 3.47 | 3.44 | 3.42 | 3.40 | 3.39 | 3.37 | 3.35 |
| 3 | 3.07 | 3.05 | 3.03 | 3.01 | 2.99 | 2.98 | 2.96 |
| 4 | 2.84 | 2.82 | 2.80 | 2.78 | 2.76 | 2.74 | 2.73 |
| 5 | 2.68 | 2.66 | 2.64 | 2.62 | 2.60 | 2.59 | 2.57 |
| 6 | 2.57 | 2.55 | 2.53 | 2.51 | 2.49 | 2.47 | 2.46 |
| 7 | 2.49 | 2.46 | 2.44 | 2.42 | 2.40 | 2.39 | 2.37 |
| 8 | 2.42 | 2.40 | 2.37 | 2.36 | 2.34 | 2.32 | 2.31 |
| 9 | 2.37 | 2.34 | 2.32 | 2.30 | 2.28 | 2.27 | 2.25 |
| 10 | 2.32 | 2.30 | 2.27 | 2.25 | 2.24 | 2.22 | 2.20 |
| 12 | 2.25 | 2.23 | 2.20 | 2.18 | 2.16 | 2.15 | 2.13 |
| 15 | 2.18 | 2.15 | 2.13 | 2.11 | 2.09 | 2.07 | 2.06 |
| 20 | 2.10 | 2.07 | 2.05 | 2.03 | 2.01 | 1.99 | 1.97 |
| 24 | 2.05 | 2.03 | 2.01 | 1.98 | 1.96 | 1.95 | 1.93 |
| 30 | 2.01 | 1.98 | 1.96 | 1.94 | 1.92 | 1.90 | 1.88 |
| 40 | 1.96 | 1.94 | 1.91 | 1.89 | 1.87 | 1.85 | 1.84 |
| 60 | 1.92 | 1.89 | 1.86 | 1.84 | 1.82 | 1.8 | 1.79 |
| 120 | 1.87 | 1.84 | 1.81 | 1.79 | 1.77 | 1.75 | 1.73 |
| $\infty$ | 1.81 | 1.78 | 1.76 | 1.73 | 1.71 | 1.69 | 1.67 |

| $df_1$ | $df_2$ | | | | | | |
|---|---|---|---|---|---|---|---|
| | 28 | 29 | 30 | 40 | 60 | 120 | $\infty$ |
| 1 | 4.20 | 4.18 | 4.17 | 4.08 | 4.00 | 3.92 | 3.84 |
| 2 | 3.34 | 3.33 | 3.32 | 3.23 | 3.15 | 3.07 | 3.00 |
| 3 | 2.95 | 2.93 | 2.92 | 2.84 | 2.76 | 2.68 | 2.60 |
| 4 | 2.71 | 2.70 | 2.69 | 2.61 | 2.53 | 2.45 | 2.37 |
| 5 | 2.56 | 2.55 | 2.53 | 2.45 | 2.37 | 2.29 | 2.21 |
| 6 | 2.45 | 2.43 | 2.42 | 2.34 | 2.25 | 2.18 | 2.1 |
| 7 | 2.36 | 2.35 | 2.33 | 2.25 | 2.17 | 2.09 | 2.01 |
| 8 | 2.29 | 2.28 | 2.27 | 2.18 | 2.10 | 2.02 | 1.94 |
| 9 | 2.24 | 2.22 | 2.21 | 2.12 | 2.04 | 1.96 | 1.88 |
| 10 | 2.19 | 2.18 | 2.16 | 2.08 | 1.99 | 1.91 | 1.83 |
| 12 | 2.12 | 2.10 | 2.09 | 2.00 | 1.92 | 1.83 | 1.75 |
| 15 | 2.04 | 2.03 | 2.01 | 1.92 | 1.84 | 1.75 | 1.67 |
| 20 | 1.96 | 1.94 | 1.93 | 1.84 | 1.75 | 1.66 | 1.57 |
| 24 | 1.91 | 1.90 | 1.89 | 1.79 | 1.70 | 1.61 | 1.52 |
| 30 | 1.87 | 1.85 | 1.84 | 1.74 | 1.65 | 1.55 | 1.46 |
| 40 | 1.82 | 1.81 | 1.79 | 1.69 | 1.59 | 1.50 | 1.39 |
| 60 | 1.77 | 1.75 | 1.74 | 1.64 | 1.53 | 1.43 | 1.32 |
| 120 | 1.71 | 1.70 | 1.68 | 1.58 | 1.47 | 1.35 | 1.22 |
| $\infty$ | 1.65 | 1.64 | 1.62 | 1.51 | 1.39 | 1.25 | 1.00 |

附表 2b  **F 分布上侧分位数**（α=0.01）

| $df_1$ | $df_2$ | | | | | | | | | |
|---|---|---|---|---|---|---|---|---|---|---|
| | 1 | 2 | 3 | 4 | 5 | 6 | 7 | 8 | 9 | 10 |
| 1 | 4052 | 98.50 | 34.12 | 21.20 | 16.26 | 13.75 | 12.25 | 11.26 | 10.56 | 10.04 |
| 2 | 4999 | 99.00 | 30.82 | 18.00 | 13.27 | 10.92 | 9.55 | 8.65 | 8.02 | 7.56 |
| 3 | 5403 | 99.17 | 29.46 | 16.69 | 12.06 | 9.78 | 8.45 | 7.59 | 6.99 | 6.55 |
| 4 | 5625 | 99.25 | 28.71 | 15.98 | 11.39 | 9.15 | 7.85 | 7.01 | 6.42 | 5.99 |
| 5 | 5764 | 99.30 | 28.24 | 15.52 | 10.97 | 8.75 | 7.46 | 6.63 | 6.06 | 5.64 |
| 6 | 5859 | 99.33 | 27.91 | 15.21 | 10.67 | 8.47 | 7.19 | 6.37 | 5.80 | 5.39 |
| 7 | 5928 | 99.36 | 27.67 | 14.98 | 10.46 | 8.26 | 6.99 | 6.18 | 5.61 | 5.20 |
| 8 | 5981 | 99.37 | 27.49 | 14.80 | 10.29 | 8.10 | 6.84 | 6.03 | 5.47 | 5.06 |
| 9 | 6022 | 99.39 | 27.35 | 14.66 | 10.16 | 7.98 | 6.72 | 5.91 | 5.35 | 4.94 |
| 10 | 6056 | 99.40 | 27.23 | 14.55 | 10.05 | 7.87 | 6.62 | 5.81 | 5.26 | 4.85 |
| 12 | 6106 | 99.42 | 27.05 | 14.37 | 9.89 | 7.72 | 6.47 | 5.67 | 5.11 | 4.71 |
| 15 | 6157 | 99.43 | 26.87 | 14.20 | 9.72 | 7.56 | 6.31 | 5.52 | 4.96 | 4.56 |
| 20 | 6209 | 99.45 | 26.69 | 14.02 | 9.55 | 7.40 | 6.16 | 5.36 | 4.81 | 4.41 |
| 24 | 6235 | 99.46 | 26.60 | 13.93 | 9.47 | 7.31 | 6.07 | 5.28 | 4.73 | 4.33 |
| 30 | 6261 | 99.47 | 26.50 | 13.84 | 9.38 | 7.23 | 5.99 | 5.20 | 4.65 | 4.25 |
| 40 | 6287 | 99.47 | 26.41 | 13.75 | 9.29 | 7.14 | 5.91 | 5.12 | 4.57 | 4.17 |
| 60 | 6313 | 99.48 | 26.32 | 13.65 | 9.20 | 7.06 | 5.82 | 5.03 | 4.48 | 4.08 |
| 120 | 6339 | 99.49 | 26.22 | 13.56 | 9.11 | 6.97 | 5.74 | 4.95 | 4.40 | 4.00 |
| ∞ | 6366 | 99.50 | 26.13 | 13.46 | 9.02 | 6.88 | 5.65 | 4.86 | 4.31 | 3.91 |

| $df_1$ | $df_2$ | | | | | | | | | |
|---|---|---|---|---|---|---|---|---|---|---|
| | 11 | 12 | 13 | 14 | 15 | 16 | 17 | 18 | 19 | 20 |
| 1 | 9.65 | 9.33 | 9.07 | 8.86 | 8.68 | 8.53 | 8.40 | 8.29 | 8.18 | 8.10 |
| 2 | 7.21 | 6.93 | 6.70 | 6.51 | 6.36 | 6.23 | 6.11 | 6.01 | 5.93 | 5.85 |
| 3 | 6.22 | 5.95 | 5.74 | 5.56 | 5.42 | 5.29 | 5.18 | 5.09 | 5.01 | 4.94 |
| 4 | 5.67 | 5.41 | 5.21 | 5.04 | 4.89 | 4.77 | 4.67 | 4.58 | 4.50 | 4.43 |
| 5 | 5.32 | 5.06 | 4.86 | 4.69 | 4.56 | 4.44 | 4.34 | 4.25 | 4.17 | 4.10 |
| 6 | 5.07 | 4.82 | 4.62 | 4.46 | 4.32 | 4.20 | 4.10 | 4.01 | 3.94 | 3.87 |
| 7 | 4.89 | 4.64 | 4.44 | 4.28 | 4.14 | 4.03 | 3.93 | 3.84 | 3.77 | 3.70 |
| 8 | 4.74 | 4.50 | 4.30 | 4.14 | 4.00 | 3.89 | 3.79 | 3.71 | 3.63 | 3.56 |
| 9 | 4.63 | 4.39 | 4.19 | 4.03 | 3.89 | 3.78 | 3.68 | 3.60 | 3.52 | 3.46 |
| 10 | 4.54 | 4.30 | 4.10 | 3.94 | 3.80 | 3.69 | 3.59 | 3.51 | 3.43 | 3.37 |
| 12 | 4.40 | 4.16 | 3.96 | 3.80 | 3.67 | 3.55 | 3.46 | 3.37 | 3.30 | 3.23 |
| 15 | 4.25 | 4.01 | 3.82 | 3.66 | 3.52 | 3.41 | 3.31 | 3.23 | 3.15 | 3.09 |
| 20 | 4.10 | 3.86 | 3.66 | 3.51 | 3.37 | 3.26 | 3.16 | 3.08 | 3.00 | 2.94 |
| 24 | 4.02 | 3.78 | 3.59 | 3.43 | 3.29 | 3.18 | 3.08 | 3.00 | 2.92 | 2.86 |
| 30 | 3.94 | 3.70 | 3.51 | 3.35 | 3.21 | 3.10 | 3.00 | 2.92 | 2.84 | 2.78 |
| 40 | 3.86 | 3.62 | 3.43 | 3.27 | 3.13 | 3.02 | 2.92 | 2.84 | 2.76 | 2.69 |
| 60 | 3.78 | 3.54 | 3.34 | 3.18 | 3.05 | 2.93 | 2.83 | 2.75 | 2.67 | 2.61 |
| 120 | 3.69 | 3.45 | 3.25 | 3.09 | 2.96 | 2.84 | 2.75 | 2.66 | 2.58 | 2.52 |
| ∞ | 3.60 | 3.36 | 3.17 | 3.00 | 2.87 | 2.75 | 2.65 | 2.57 | 2.49 | 2.42 |

| $df_1$ | $df_2$ | | | | | | |
|---|---|---|---|---|---|---|---|
| | 21 | 22 | 23 | 24 | 25 | 26 | 27 |
| 1 | 8.02 | 7.95 | 7.88 | 7.82 | 7.77 | 7.72 | 7.68 |
| 2 | 5.78 | 5.72 | 5.66 | 5.61 | 5.57 | 5.53 | 5.49 |
| 3 | 4.87 | 4.82 | 4.76 | 4.72 | 4.68 | 4.64 | 4.60 |
| 4 | 4.37 | 4.31 | 4.26 | 4.22 | 4.18 | 4.14 | 4.11 |
| 5 | 4.04 | 3.99 | 3.94 | 3.90 | 3.85 | 3.82 | 3.78 |
| 6 | 3.81 | 3.76 | 3.71 | 3.67 | 3.63 | 3.59 | 3.56 |
| 7 | 3.64 | 3.59 | 3.54 | 3.50 | 3.46 | 3.42 | 3.39 |
| 8 | 3.51 | 3.45 | 3.41 | 3.36 | 3.32 | 3.29 | 3.26 |
| 9 | 3.40 | 3.35 | 3.30 | 3.26 | 3.22 | 3.18 | 3.15 |
| 10 | 3.31 | 3.26 | 3.21 | 3.17 | 3.13 | 3.09 | 3.06 |
| 12 | 3.17 | 3.12 | 3.07 | 3.03 | 2.99 | 2.96 | 2.93 |
| 15 | 3.03 | 2.98 | 2.93 | 2.89 | 2.85 | 2.81 | 2.78 |
| 20 | 2.88 | 2.83 | 2.78 | 2.74 | 2.70 | 2.66 | 2.63 |
| 24 | 2.80 | 2.75 | 2.70 | 2.66 | 2.62 | 2.58 | 2.55 |
| 30 | 2.72 | 2.67 | 2.62 | 2.58 | 2.54 | 2.50 | 2.47 |
| 40 | 2.64 | 2.58 | 2.54 | 2.49 | 2.45 | 2.42 | 2.38 |
| 60 | 2.55 | 2.50 | 2.45 | 2.40 | 2.36 | 2.33 | 2.29 |
| 120 | 2.46 | 2.40 | 2.35 | 2.31 | 2.27 | 2.23 | 2.20 |
| ∞ | 2.36 | 2.31 | 2.26 | 2.21 | 2.17 | 2.13 | 2.10 |

| $df_1$ | $df_2$ | | | | | | |
|---|---|---|---|---|---|---|---|
| | 28 | 29 | 30 | 40 | 60 | 120 | ∞ |
| 1 | 7.64 | 7.60 | 7.56 | 7.31 | 7.08 | 6.85 | 6.63 |
| 2 | 5.45 | 5.42 | 5.39 | 5.18 | 4.98 | 4.79 | 4.61 |
| 3 | 4.57 | 4.54 | 4.51 | 4.31 | 4.13 | 3.95 | 3.78 |
| 4 | 4.07 | 4.04 | 4.02 | 3.83 | 3.65 | 3.48 | 3.32 |
| 5 | 3.75 | 3.73 | 3.70 | 3.51 | 3.34 | 3.17 | 3.02 |
| 6 | 3.53 | 3.50 | 3.47 | 3.29 | 3.12 | 2.96 | 2.80 |
| 7 | 3.36 | 3.33 | 3.30 | 3.12 | 2.95 | 2.79 | 2.64 |
| 8 | 3.23 | 3.20 | 3.17 | 2.99 | 2.82 | 2.66 | 2.51 |
| 9 | 3.12 | 3.09 | 3.07 | 2.89 | 2.72 | 2.56 | 2.41 |
| 10 | 3.03 | 3.00 | 2.98 | 2.80 | 2.63 | 2.47 | 2.32 |
| 12 | 2.90 | 2.87 | 2.84 | 2.66 | 2.50 | 2.34 | 2.18 |
| 15 | 2.75 | 2.73 | 2.70 | 2.52 | 2.35 | 2.19 | 2.04 |
| 20 | 2.60 | 2.57 | 2.55 | 2.37 | 2.20 | 2.03 | 1.88 |
| 24 | 2.52 | 2.49 | 2.47 | 2.29 | 2.12 | 1.95 | 1.79 |
| 30 | 2.44 | 2.41 | 2.39 | 2.20 | 2.03 | 1.86 | 1.70 |
| 40 | 2.35 | 2.33 | 2.30 | 2.11 | 1.94 | 1.76 | 1.59 |
| 60 | 2.26 | 2.23 | 2.21 | 2.02 | 1.84 | 1.66 | 1.47 |
| 120 | 2.17 | 2.14 | 2.11 | 1.92 | 1.73 | 1.53 | 1.32 |
| ∞ | 2.06 | 2.03 | 2.01 | 1.80 | 1.60 | 1.38 | 1.00 |

附表 3　Duncan's 多重极差检验的 5%和 1%SSR 值

| 自由度 | 显著水平 | 检验极差的范围 | | | | | | | | | | | | | |
|---|---|---|---|---|---|---|---|---|---|---|---|---|---|---|---|
| | | 2 | 3 | 4 | 5 | 6 | 7 | 8 | 9 | 10 | 12 | 14 | 16 | 18 | 20 |
| 1 | 0.05 | 18.00 | 18.00 | 18.00 | 18.00 | 18.00 | 18.00 | 18.00 | 18.00 | 18.00 | 18.00 | 18.00 | 18.00 | 18.00 | 18.00 |
| | 0.01 | 90.00 | 90.00 | 90.00 | 90.00 | 90.00 | 90.00 | 90.00 | 90.00 | 90.00 | 90.00 | 90.00 | 90.00 | 90.00 | 90.00 |
| 2 | 0.05 | 6.09 | 6.09 | 6.09 | 6.09 | 6.09 | 6.09 | 6.09 | 6.09 | 6.09 | 6.09 | 6.09 | 6.09 | 6.09 | 6.09 |
| | 0.01 | 14.00 | 14.00 | 14.00 | 14.00 | 14.00 | 14.00 | 14.00 | 14.00 | 14.00 | 14.00 | 14.00 | 14.00 | 14.00 | 14.00 |
| 3 | 0.05 | 4.50 | 4.50 | 4.50 | 4.50 | 4.50 | 4.50 | 4.50 | 4.50 | 4.50 | 4.50 | 4.50 | 4.50 | 4.50 | 4.50 |
| | 0.01 | 8.26 | 8.50 | 8.60 | 8.70 | 8.80 | 8.90 | 8.90 | 9.00 | 9.00 | 9.00 | 9.10 | 9.20 | 9.30 | 9.30 |
| 4 | 0.05 | 3.93 | 4.01 | 4.02 | 4.02 | 4.02 | 4.02 | 4.02 | 4.02 | 4.02 | 4.02 | 4.02 | 4.02 | 4.02 | 4.02 |
| | 0.01 | 6.51 | 6.80 | 6.90 | 7.00 | 7.10 | 7.10 | 7.20 | 7.20 | 7.30 | 7.30 | 7.40 | 7.40 | 7.50 | 7.50 |
| 5 | 0.05 | 3.64 | 3.74 | 3.79 | 3.83 | 3.83 | 3.83 | 3.83 | 3.83 | 3.83 | 3.83 | 3.83 | 3.83 | 3.83 | 3.83 |
| | 0.01 | 5.70 | 5.96 | 6.11 | 6.18 | 6.26 | 6.33 | 6.40 | 6.44 | 6.50 | 6.60 | 6.60 | 6.70 | 6.70 | 6.80 |
| 6 | 0.05 | 3.46 | 3.58 | 3.64 | 3.68 | 3.68 | 3.68 | 3.68 | 3.68 | 3.68 | 3.68 | 3.68 | 3.68 | 3.68 | 3.68 |
| | 0.01 | 5.24 | 5.51 | 5.65 | 5.73 | 5.81 | 5.88 | 5.95 | 6.00 | 6.00 | 6.10 | 6.20 | 6.20 | 6.30 | 6.30 |
| 7 | 0.05 | 3.35 | 3.47 | 3.54 | 3.58 | 3.60 | 3.61 | 3.61 | 3.61 | 3.61 | 3.61 | 3.61 | 3.61 | 3.61 | 3.61 |
| | 0.01 | 4.95 | 5.22 | 5.37 | 5.45 | 5.53 | 5.61 | 5.69 | 5.73 | 5.80 | 5.80 | 5.90 | 5.90 | 6.00 | 6.00 |
| 8 | 0.05 | 3.26 | 3.39 | 3.47 | 3.52 | 3.55 | 3.56 | 3.56 | 3.56 | 3.56 | 3.56 | 3.56 | 3.56 | 3.56 | 3.56 |
| | 0.01 | 4.74 | 5.00 | 5.14 | 5.23 | 5.32 | 5.40 | 5.47 | 5.51 | 5.50 | 5.60 | 5.70 | 5.70 | 5.80 | 5.80 |
| 9 | 0.05 | 3.20 | 3.34 | 3.41 | 3.47 | 3.50 | 3.52 | 3.52 | 3.52 | 3.52 | 3.52 | 3.52 | 3.52 | 3.52 | 3.52 |
| | 0.01 | 4.60 | 4.86 | 4.99 | 5.08 | 5.17 | 5.25 | 5.32 | 5.36 | 5.40 | 5.50 | 5.50 | 5.60 | 5.70 | 5.70 |
| 10 | 0.05 | 3.15 | 3.30 | 3.37 | 3.43 | 3.46 | 3.47 | 3.47 | 3.47 | 3.47 | 3.47 | 3.47 | 3.47 | 3.47 | 3.48 |
| | 0.01 | 4.48 | 4.73 | 4.88 | 4.96 | 5.06 | 5.13 | 5.20 | 5.24 | 5.28 | 5.36 | 5.42 | 5.48 | 5.54 | 5.55 |
| 11 | 0.05 | 3.11 | 3.27 | 3.35 | 3.39 | 3.43 | 3.44 | 3.45 | 3.46 | 3.46 | 3.46 | 3.46 | 3.46 | 3.47 | 3.48 |
| | 0.01 | 4.39 | 4.63 | 4.77 | 4.86 | 4.94 | 5.01 | 5.06 | 5.12 | 5.15 | 5.24 | 5.28 | 5.34 | 5.38 | 5.39 |

（续）

检验极差的范围

| 自由度 | 显著水平 | 2 | 3 | 4 | 5 | 6 | 7 | 8 | 9 | 10 | 12 | 14 | 16 | 18 | 20 |
|---|---|---|---|---|---|---|---|---|---|---|---|---|---|---|---|
| 12 | 0.05 | 3.08 | 3.23 | 3.33 | 3.36 | 3.40 | 3.42 | 3.44 | 3.44 | 3.46 | 3.46 | 3.46 | 3.46 | 3.47 | 3.48 |
| | 0.01 | 4.32 | 4.55 | 4.68 | 4.76 | 4.84 | 4.92 | 4.96 | 5.02 | 5.07 | 5.13 | 5.17 | 5.22 | 5.24 | 5.26 |
| 13 | 0.05 | 3.06 | 3.21 | 3.30 | 3.35 | 3.38 | 3.41 | 3.42 | 3.44 | 3.45 | 3.45 | 3.46 | 3.46 | 3.47 | 3.47 |
| | 0.01 | 4.26 | 4.48 | 4.62 | 4.69 | 4.74 | 4.84 | 4.88 | 4.94 | 4.98 | 5.04 | 5.08 | 5.13 | 5.14 | 5.15 |
| 14 | 0.05 | 3.03 | 3.18 | 3.27 | 3.33 | 3.37 | 3.39 | 3.41 | 3.42 | 3.44 | 3.45 | 3.46 | 3.46 | 3.47 | 3.47 |
| | 0.01 | 4.21 | 4.42 | 4.55 | 4.63 | 4.70 | 4.78 | 4.83 | 4.87 | 4.91 | 4.96 | 5.00 | 5.04 | 5.06 | 5.07 |
| 15 | 0.05 | 3.01 | 3.16 | 3.25 | 3.31 | 3.36 | 3.38 | 3.40 | 3.42 | 3.43 | 3.44 | 3.45 | 3.46 | 3.47 | 3.47 |
| | 0.01 | 4.17 | 4.37 | 4.50 | 4.58 | 4.64 | 4.72 | 4.77 | 4.81 | 4.84 | 4.90 | 4.94 | 4.97 | 4.99 | 5.00 |
| 16 | 0.05 | 3.00 | 3.15 | 3.23 | 3.30 | 3.34 | 3.37 | 3.39 | 3.41 | 3.43 | 3.44 | 3.45 | 3.46 | 3.47 | 3.47 |
| | 0.01 | 4.13 | 4.34 | 4.45 | 4.54 | 4.60 | 4.67 | 4.72 | 4.76 | 4.79 | 4.84 | 4.88 | 4.91 | 4.93 | 4.94 |
| 17 | 0.05 | 2.98 | 3.13 | 3.22 | 3.28 | 3.33 | 3.36 | 3.38 | 3.40 | 3.42 | 3.44 | 3.45 | 3.46 | 3.47 | 3.47 |
| | 0.01 | 4.10 | 4.30 | 4.41 | 4.50 | 4.56 | 4.63 | 4.68 | 4.72 | 4.75 | 4.80 | 4.83 | 4.86 | 4.88 | 4.89 |
| 18 | 0.05 | 2.97 | 3.12 | 3.21 | 3.27 | 3.32 | 3.35 | 3.37 | 3.39 | 3.41 | 3.43 | 3.45 | 3.46 | 3.47 | 3.47 |
| | 0.01 | 4.07 | 4.27 | 4.38 | 4.46 | 4.53 | 4.59 | 4.64 | 4.68 | 4.71 | 4.76 | 4.79 | 4.82 | 4.84 | 4.85 |
| 19 | 0.05 | 2.96 | 3.11 | 3.19 | 3.26 | 3.31 | 3.35 | 3.37 | 3.39 | 3.41 | 3.43 | 3.44 | 3.46 | 3.47 | 3.47 |
| | 0.01 | 4.05 | 4.24 | 4.35 | 4.43 | 4.50 | 4.56 | 4.61 | 4.64 | 4.67 | 4.72 | 4.76 | 4.79 | 4.81 | 4.82 |
| 20 | 0.05 | 2.95 | 3.10 | 3.18 | 3.25 | 3.30 | 3.34 | 3.36 | 3.38 | 3.40 | 3.43 | 3.44 | 3.46 | 3.46 | 3.47 |
| | 0.01 | 4.02 | 4.22 | 4.33 | 4.40 | 4.47 | 4.53 | 4.58 | 4.61 | 4.65 | 4.69 | 4.73 | 4.76 | 4.78 | 4.79 |
| 22 | 0.05 | 2.93 | 3.08 | 3.17 | 3.24 | 3.29 | 3.32 | 3.35 | 3.37 | 3.39 | 3.42 | 3.44 | 3.45 | 3.46 | 3.47 |
| | 0.01 | 3.99 | 4.17 | 4.28 | 4.36 | 4.42 | 4.48 | 4.53 | 4.57 | 4.60 | 4.65 | 4.68 | 4.71 | 4.74 | 4.75 |
| 24 | 0.05 | 2.92 | 3.07 | 3.15 | 3.22 | 3.28 | 3.31 | 3.34 | 3.37 | 3.38 | 3.41 | 3.44 | 3.45 | 3.46 | 3.47 |
| | 0.01 | 3.96 | 4.14 | 4.24 | 4.33 | 4.39 | 4.44 | 4.49 | 4.53 | 4.57 | 4.62 | 4.64 | 4.67 | 4.70 | 4.72 |

附表4 $\chi^2$ 分布上侧分位数

| $df$ | $\alpha$ | | | | | | | | |
|------|------|-------|-------|-------|-------|-------|-------|-------|-------|
| | 0.99 | 0.975 | 0.95 | 0.9 | 0.5 | 0.1 | 0.05 | 0.025 | 0.01 |
| 1 | — | 0.001 | 0.004 | 0.016 | 0.455 | 2.706 | 3.841 | 5.024 | 6.635 |
| 2 | 0.020 | 0.051 | 0.103 | 0.211 | 1.386 | 4.605 | 5.991 | 7.378 | 9.210 |
| 3 | 0.115 | 0.216 | 0.352 | 0.584 | 2.366 | 6.251 | 7.815 | 9.348 | 11.345 |
| 4 | 0.297 | 0.484 | 0.711 | 1.064 | 3.357 | 7.779 | 9.488 | 11.143 | 13.277 |
| 5 | 0.554 | 0.831 | 1.145 | 1.610 | 4.351 | 9.236 | 11.070 | 12.833 | 15.086 |
| 6 | 0.872 | 1.237 | 1.635 | 2.204 | 5.348 | 10.645 | 12.592 | 14.449 | 16.812 |
| 7 | 1.239 | 1.690 | 2.167 | 2.833 | 6.346 | 12.017 | 14.067 | 16.013 | 18.475 |
| 8 | 1.646 | 2.180 | 2.733 | 3.490 | 7.344 | 13.362 | 15.507 | 17.535 | 20.090 |
| 9 | 2.088 | 2.700 | 3.325 | 4.168 | 8.343 | 14.684 | 16.919 | 19.023 | 21.666 |
| 10 | 2.558 | 3.247 | 3.940 | 4.865 | 9.342 | 15.987 | 18.307 | 20.483 | 23.209 |
| 11 | 3.053 | 3.816 | 4.575 | 5.578 | 10.341 | 17.275 | 19.675 | 21.920 | 24.725 |
| 12 | 3.571 | 4.404 | 5.226 | 6.304 | 11.340 | 18.549 | 21.026 | 23.337 | 26.217 |
| 13 | 4.107 | 5.009 | 5.892 | 7.042 | 12.340 | 19.812 | 22.362 | 24.736 | 27.688 |
| 14 | 4.660 | 5.629 | 6.571 | 7.790 | 13.339 | 21.064 | 23.685 | 26.119 | 29.141 |
| 15 | 5.229 | 6.262 | 7.261 | 8.547 | 14.339 | 22.307 | 24.996 | 27.488 | 30.578 |
| 16 | 5.812 | 6.908 | 7.962 | 9.312 | 15.338 | 23.542 | 26.296 | 28.845 | 32.000 |
| 17 | 6.408 | 7.564 | 8.672 | 10.085 | 16.338 | 24.769 | 27.587 | 30.191 | 33.409 |
| 18 | 7.015 | 8.231 | 9.390 | 10.865 | 17.338 | 25.989 | 28.869 | 31.526 | 34.805 |
| 19 | 7.633 | 8.907 | 10.117 | 11.651 | 18.338 | 27.204 | 30.144 | 32.852 | 36.191 |
| 20 | 8.260 | 9.591 | 10.851 | 12.443 | 19.337 | 28.412 | 31.410 | 34.170 | 37.566 |
| 21 | 8.897 | 10.283 | 11.591 | 13.240 | 20.337 | 29.615 | 32.671 | 35.479 | 38.932 |
| 22 | 9.542 | 10.982 | 12.338 | 14.041 | 21.337 | 30.813 | 33.924 | 36.781 | 40.289 |
| 23 | 10.196 | 11.689 | 13.091 | 14.848 | 22.337 | 32.007 | 35.172 | 38.076 | 41.638 |
| 24 | 10.856 | 12.401 | 13.848 | 15.659 | 23.337 | 33.196 | 36.415 | 39.364 | 42.980 |
| 25 | 11.524 | 13.120 | 14.611 | 16.473 | 24.337 | 34.382 | 37.652 | 40.646 | 44.314 |

| $df$ | $\alpha$ | | | | | | | | |
|------|------|-------|------|-----|-----|-----|------|-------|------|
| | 0.99 | 0.975 | 0.95 | 0.9 | 0.5 | 0.1 | 0.05 | 0.025 | 0.01 |
| 26 | 12.198 | 13.844 | 15.379 | 17.292 | 25.336 | 35.563 | 38.885 | 41.923 | 45.642 |
| 27 | 12.879 | 14.573 | 16.151 | 18.114 | 26.336 | 36.741 | 40.113 | 43.195 | 46.963 |
| 28 | 13.565 | 15.308 | 16.928 | 18.939 | 27.336 | 37.916 | 41.337 | 44.461 | 48.278 |
| 29 | 14.256 | 16.047 | 17.708 | 19.768 | 28.336 | 39.087 | 42.557 | 45.722 | 49.588 |
| 30 | 14.953 | 16.791 | 18.493 | 20.599 | 29.336 | 40.256 | 43.773 | 46.979 | 50.892 |
| 31 | 15.655 | 17.539 | 19.281 | 21.434 | 30.336 | 41.422 | 44.985 | 48.232 | 52.191 |
| 32 | 16.362 | 18.291 | 20.072 | 22.271 | 31.336 | 42.585 | 46.194 | 49.480 | 53.486 |
| 33 | 17.074 | 19.047 | 20.867 | 23.110 | 32.336 | 43.745 | 47.400 | 50.725 | 54.776 |
| 34 | 17.789 | 19.806 | 21.664 | 23.952 | 33.336 | 44.903 | 48.602 | 51.966 | 56.061 |
| 35 | 18.509 | 20.569 | 22.465 | 24.797 | 34.336 | 46.059 | 49.802 | 53.203 | 57.342 |
| 36 | 19.233 | 21.336 | 23.269 | 25.643 | 35.336 | 47.212 | 50.998 | 54.437 | 58.619 |
| 37 | 19.960 | 22.106 | 24.075 | 26.492 | 36.336 | 48.363 | 52.192 | 55.668 | 59.893 |
| 38 | 20.691 | 22.878 | 24.884 | 27.343 | 37.335 | 49.513 | 53.384 | 56.896 | 61.162 |
| 39 | 21.426 | 23.654 | 25.695 | 28.196 | 38.335 | 50.660 | 54.572 | 58.120 | 62.428 |
| 40 | 22.164 | 24.433 | 26.509 | 29.051 | 39.335 | 51.805 | 55.758 | 59.342 | 63.691 |
| 41 | 22.906 | 25.215 | 27.326 | 29.907 | 40.335 | 52.949 | 56.942 | 60.561 | 64.950 |
| 42 | 23.650 | 25.999 | 28.144 | 30.765 | 41.335 | 54.090 | 58.124 | 61.777 | 66.206 |
| 43 | 24.398 | 26.785 | 28.965 | 31.625 | 42.335 | 55.230 | 59.304 | 62.990 | 67.459 |
| 44 | 25.148 | 27.575 | 29.787 | 32.487 | 43.335 | 56.369 | 60.481 | 64.201 | 68.710 |
| 45 | 25.901 | 28.366 | 30.612 | 33.350 | 44.335 | 57.505 | 61.656 | 65.410 | 69.957 |
| 46 | 26.657 | 29.160 | 31.439 | 34.215 | 45.335 | 58.641 | 62.830 | 66.617 | 71.201 |
| 47 | 27.416 | 29.956 | 32.268 | 35.081 | 46.335 | 59.774 | 64.001 | 67.821 | 72.443 |
| 48 | 28.177 | 30.755 | 33.098 | 35.949 | 47.335 | 60.907 | 65.171 | 69.023 | 73.683 |
| 49 | 28.941 | 31.555 | 33.930 | 36.818 | 48.335 | 62.038 | 66.339 | 70.222 | 74.919 |
| 50 | 29.707 | 32.357 | 34.764 | 37.689 | 49.335 | 63.167 | 67.505 | 71.420 | 76.154 |

## 附表 5　相关系数显著性检验临界值

| 自由度 $df$ ($n-2$) | 显著水平 $\alpha$ | | 自由度 $df$ ($n-2$) | 显著水平 $\alpha$ | |
|---|---|---|---|---|---|
| | 0.05 | 0.01 | | 0.05 | 0.01 |
| 1 | 0.997 | 1.000 | 31 | 0.344 | 0.442 |
| 2 | 0.950 | 0.990 | 32 | 0.339 | 0.436 |
| 3 | 0.878 | 0.959 | 33 | 0.334 | 0.430 |
| 4 | 0.811 | 0.917 | 34 | 0.329 | 0.424 |
| 5 | 0.754 | 0.874 | 35 | 0.325 | 0.418 |
| 6 | 0.707 | 0.834 | 36 | 0.320 | 0.413 |
| 7 | 0.666 | 0.798 | 37 | 0.316 | 0.408 |
| 8 | 0.632 | 0.765 | 38 | 0.312 | 0.403 |
| 9 | 0.602 | 0.735 | 39 | 0.308 | 0.398 |
| 10 | 0.576 | 0.708 | 40 | 0.304 | 0.393 |
| 11 | 0.553 | 0.684 | 41 | 0.301 | 0.389 |
| 12 | 0.532 | 0.661 | 42 | 0.297 | 0.384 |
| 13 | 0.514 | 0.641 | 43 | 0.294 | 0.380 |
| 14 | 0.497 | 0.623 | 44 | 0.291 | 0.376 |
| 15 | 0.482 | 0.606 | 45 | 0.288 | 0.372 |
| 16 | 0.468 | 0.590 | 46 | 0.285 | 0.368 |
| 17 | 0.456 | 0.575 | 47 | 0.282 | 0.365 |
| 18 | 0.444 | 0.561 | 48 | 0.279 | 0.361 |
| 19 | 0.433 | 0.549 | 49 | 0.276 | 0.358 |
| 20 | 0.423 | 0.537 | 50 | 0.273 | 0.354 |
| 21 | 0.413 | 0.526 | 60 | 0.250 | 0.325 |
| 22 | 0.404 | 0.515 | 70 | 0.232 | 0.302 |
| 23 | 0.396 | 0.505 | 80 | 0.217 | 0.283 |
| 24 | 0.388 | 0.496 | 90 | 0.205 | 0.267 |
| 25 | 0.381 | 0.487 | 100 | 0.195 | 0.254 |
| 26 | 0.374 | 0.478 | 125 | 0.174 | 0.228 |
| 27 | 0.367 | 0.470 | 150 | 0.159 | 0.208 |
| 28 | 0.361 | 0.463 | 200 | 0.138 | 0.181 |
| 29 | 0.355 | 0.456 | 300 | 0.113 | 0.148 |
| 30 | 0.349 | 0.449 | 400 | 0.098 | 0.128 |

## 附表 6a　随机数字表 1

| 编号 | 1 | 2 | 3 | 4 | 5 | 6 | 7 | 8 | 9 | 10 | 11 | 12 | 13 | 14 | 15 | 16 | 17 | 18 | 19 | 20 | 21 | 22 | 23 | 24 | 25 |
|---|---|---|---|---|---|---|---|---|---|---|---|---|---|---|---|---|---|---|---|---|---|---|---|---|---|
| 1 | 03 | 47 | 43 | 73 | 86 | 36 | 96 | 47 | 36 | 61 | 46 | 98 | 63 | 71 | 62 | 33 | 26 | 16 | 80 | 45 | 60 | 11 | 14 | 10 | 95 |
| 2 | 97 | 74 | 24 | 67 | 62 | 42 | 81 | 14 | 57 | 20 | 42 | 53 | 32 | 37 | 32 | 27 | 07 | 36 | 07 | 51 | 24 | 51 | 79 | 89 | 73 |
| 3 | 16 | 76 | 62 | 27 | 66 | 56 | 50 | 26 | 71 | 07 | 32 | 90 | 79 | 78 | 53 | 13 | 55 | 38 | 58 | 59 | 88 | 97 | 54 | 14 | 10 |
| 4 | 12 | 56 | 85 | 99 | 26 | 96 | 96 | 68 | 27 | 31 | 05 | 03 | 72 | 93 | 15 | 57 | 12 | 10 | 14 | 21 | 88 | 26 | 49 | 81 | 76 |
| 5 | 55 | 59 | 56 | 35 | 64 | 38 | 54 | 82 | 46 | 22 | 31 | 62 | 43 | 09 | 90 | 06 | 18 | 44 | 32 | 53 | 23 | 83 | 01 | 30 | 30 |
| 6 | 16 | 22 | 77 | 94 | 39 | 49 | 54 | 43 | 54 | 82 | 17 | 37 | 93 | 23 | 78 | 87 | 35 | 20 | 96 | 43 | 84 | 26 | 34 | 91 | 64 |
| 7 | 84 | 42 | 17 | 53 | 31 | 57 | 24 | 55 | 06 | 88 | 77 | 04 | 74 | 47 | 67 | 21 | 76 | 33 | 50 | 25 | 83 | 92 | 12 | 06 | 76 |
| 8 | 63 | 01 | 63 | 78 | 59 | 16 | 95 | 55 | 67 | 19 | 98 | 10 | 50 | 71 | 75 | 12 | 86 | 73 | 58 | 07 | 44 | 39 | 52 | 38 | 79 |
| 9 | 33 | 21 | 12 | 34 | 29 | 78 | 64 | 56 | 07 | 82 | 52 | 42 | 07 | 44 | 38 | 15 | 51 | 00 | 13 | 42 | 99 | 66 | 02 | 79 | 54 |
| 10 | 57 | 60 | 86 | 32 | 44 | 09 | 47 | 27 | 96 | 54 | 49 | 17 | 49 | 09 | 62 | 90 | 52 | 84 | 77 | 27 | 08 | 02 | 73 | 43 | 28 |
| 11 | 18 | 18 | 07 | 92 | 46 | 44 | 17 | 16 | 58 | 09 | 79 | 83 | 86 | 19 | 62 | 06 | 76 | 50 | 03 | 10 | 55 | 23 | 64 | 05 | 05 |
| 12 | 26 | 62 | 38 | 87 | 75 | 84 | 16 | 07 | 44 | 99 | 83 | 11 | 46 | 32 | 24 | 20 | 14 | 85 | 88 | 45 | 10 | 93 | 72 | 88 | 71 |
| 13 | 23 | 42 | 40 | 64 | 74 | 82 | 97 | 77 | 77 | 81 | 07 | 45 | 32 | 14 | 08 | 32 | 98 | 94 | 07 | 72 | 93 | 85 | 79 | 10 | 75 |
| 14 | 52 | 36 | 28 | 19 | 95 | 50 | 92 | 26 | 11 | 97 | 00 | 56 | 76 | 31 | 38 | 80 | 22 | 02 | 53 | 53 | 86 | 60 | 42 | 04 | 53 |
| 15 | 37 | 85 | 94 | 35 | 12 | 83 | 39 | 50 | 08 | 30 | 42 | 34 | 07 | 96 | 88 | 54 | 42 | 06 | 87 | 98 | 35 | 85 | 29 | 48 | 39 |
| 16 | 70 | 29 | 17 | 12 | 13 | 40 | 33 | 20 | 38 | 26 | 13 | 89 | 51 | 03 | 74 | 17 | 76 | 37 | 13 | 04 | 07 | 74 | 21 | 19 | 30 |
| 17 | 56 | 62 | 18 | 37 | 35 | 96 | 83 | 50 | 87 | 75 | 97 | 12 | 25 | 93 | 47 | 70 | 33 | 24 | 03 | 54 | 97 | 77 | 46 | 44 | 80 |
| 18 | 99 | 49 | 57 | 22 | 77 | 88 | 42 | 95 | 45 | 72 | 16 | 64 | 36 | 16 | 00 | 04 | 43 | 18 | 66 | 79 | 94 | 77 | 24 | 21 | 90 |
| 19 | 16 | 08 | 15 | 04 | 72 | 33 | 27 | 14 | 34 | 09 | 45 | 59 | 34 | 68 | 49 | 12 | 72 | 07 | 34 | 45 | 99 | 27 | 72 | 95 | 14 |
| 20 | 31 | 16 | 93 | 32 | 43 | 50 | 27 | 89 | 87 | 19 | 20 | 15 | 37 | 00 | 49 | 52 | 85 | 66 | 60 | 44 | 38 | 68 | 88 | 11 | 80 |
| 21 | 68 | 34 | 30 | 13 | 70 | 55 | 74 | 30 | 77 | 40 | 44 | 22 | 78 | 84 | 26 | 04 | 33 | 46 | 09 | 52 | 68 | 07 | 97 | 06 | 57 |
| 22 | 74 | 57 | 25 | 65 | 76 | 59 | 29 | 97 | 68 | 60 | 71 | 91 | 38 | 67 | 54 | 13 | 58 | 18 | 24 | 76 | 15 | 54 | 55 | 95 | 52 |
| 23 | 27 | 42 | 37 | 86 | 53 | 48 | 55 | 90 | 65 | 72 | 96 | 57 | 69 | 36 | 10 | 96 | 46 | 92 | 42 | 45 | 97 | 60 | 49 | 04 | 91 |
| 24 | 00 | 39 | 68 | 29 | 61 | 66 | 37 | 32 | 20 | 30 | 77 | 84 | 57 | 03 | 29 | 10 | 45 | 65 | 04 | 46 | 11 | 04 | 96 | 67 | 24 |
| 25 | 29 | 94 | 98 | 94 | 24 | 68 | 49 | 69 | 10 | 82 | 53 | 75 | 91 | 93 | 30 | 34 | 25 | 20 | 57 | 27 | 40 | 48 | 73 | 51 | 92 |

（续）

| 编号 | 1 | 2 | 3 | 4 | 5 | 6 | 7 | 8 | 9 | 10 | 11 | 12 | 13 | 14 | 15 | 16 | 17 | 18 | 19 | 20 | 21 | 22 | 23 | 24 | 25 |
|---|---|---|---|---|---|---|---|---|---|---|---|---|---|---|---|---|---|---|---|---|---|---|---|---|---|
| 26 | 16 | 90 | 82 | 66 | 59 | 83 | 62 | 64 | 11 | 12 | 67 | 19 | 00 | 71 | 74 | 60 | 47 | 21 | 29 | 68 | 02 | 02 | 37 | 03 | 31 |
| 27 | 11 | 27 | 94 | 75 | 06 | 06 | 09 | 19 | 74 | 66 | 02 | 94 | 37 | 34 | 02 | 76 | 70 | 90 | 30 | 86 | 38 | 45 | 94 | 30 | 38 |
| 28 | 35 | 24 | 10 | 16 | 20 | 33 | 32 | 51 | 26 | 38 | 79 | 78 | 45 | 04 | 91 | 16 | 92 | 53 | 56 | 16 | 02 | 75 | 50 | 95 | 98 |
| 29 | 38 | 23 | 16 | 86 | 38 | 42 | 38 | 97 | 01 | 50 | 87 | 75 | 66 | 81 | 91 | 40 | 01 | 74 | 91 | 62 | 48 | 51 | 84 | 08 | 32 |
| 30 | 31 | 96 | 25 | 91 | 47 | 96 | 44 | 33 | 49 | 13 | 34 | 86 | 82 | 53 | 91 | 00 | 52 | 43 | 48 | 85 | 27 | 55 | 26 | 89 | 62 |
| 31 | 66 | 67 | 40 | 67 | 14 | 64 | 05 | 71 | 95 | 86 | 11 | 05 | 65 | 09 | 68 | 76 | 83 | 20 | 37 | 90 | 57 | 16 | 00 | 11 | 66 |
| 32 | 14 | 90 | 84 | 45 | 11 | 75 | 73 | 88 | 05 | 90 | 52 | 27 | 41 | 14 | 86 | 22 | 98 | 12 | 22 | 08 | 07 | 52 | 74 | 95 | 80 |
| 33 | 68 | 05 | 51 | 18 | 00 | 33 | 96 | 02 | 75 | 19 | 07 | 60 | 62 | 93 | 55 | 59 | 33 | 82 | 43 | 90 | 49 | 37 | 38 | 44 | 59 |
| 34 | 20 | 46 | 78 | 73 | 90 | 97 | 51 | 40 | 14 | 02 | 04 | 02 | 33 | 31 | 08 | 39 | 54 | 16 | 49 | 36 | 47 | 95 | 93 | 13 | 30 |
| 35 | 64 | 19 | 58 | 97 | 79 | 15 | 06 | 15 | 93 | 20 | 01 | 90 | 10 | 75 | 06 | 40 | 78 | 73 | 89 | 62 | 02 | 67 | 74 | 17 | 33 |
| 36 | 05 | 26 | 93 | 70 | 60 | 22 | 35 | 85 | 15 | 13 | 92 | 03 | 51 | 59 | 77 | 59 | 56 | 78 | 06 | 83 | 52 | 91 | 05 | 70 | 74 |
| 37 | 07 | 97 | 10 | 88 | 23 | 09 | 98 | 42 | 99 | 64 | 61 | 71 | 62 | 99 | 15 | 06 | 51 | 29 | 16 | 93 | 58 | 05 | 77 | 09 | 51 |
| 38 | 68 | 71 | 86 | 85 | 85 | 54 | 87 | 66 | 47 | 54 | 73 | 32 | 08 | 11 | 12 | 44 | 95 | 92 | 63 | 16 | 29 | 56 | 24 | 29 | 48 |
| 39 | 26 | 99 | 61 | 65 | 53 | 58 | 37 | 78 | 80 | 70 | 42 | 10 | 50 | 67 | 42 | 32 | 17 | 55 | 85 | 74 | 94 | 44 | 67 | 16 | 94 |
| 40 | 14 | 65 | 52 | 68 | 75 | 87 | 59 | 36 | 22 | 41 | 26 | 78 | 63 | 06 | 55 | 13 | 08 | 27 | 01 | 50 | 15 | 29 | 39 | 39 | 43 |
| 41 | 17 | 53 | 77 | 58 | 71 | 71 | 41 | 61 | 50 | 72 | 12 | 41 | 94 | 96 | 26 | 44 | 95 | 27 | 36 | 99 | 02 | 96 | 74 | 30 | 83 |
| 42 | 90 | 26 | 59 | 21 | 79 | 23 | 52 | 23 | 33 | 12 | 96 | 93 | 02 | 18 | 39 | 07 | 02 | 18 | 36 | 07 | 25 | 99 | 32 | 70 | 23 |
| 43 | 41 | 23 | 52 | 55 | 99 | 31 | 04 | 49 | 69 | 96 | 10 | 47 | 48 | 45 | 88 | 13 | 41 | 43 | 89 | 20 | 97 | 17 | 14 | 49 | 17 |
| 44 | 60 | 20 | 50 | 81 | 69 | 31 | 99 | 73 | 68 | 68 | 35 | 81 | 33 | 03 | 76 | 24 | 30 | 12 | 48 | 60 | 18 | 99 | 10 | 72 | 34 |
| 45 | 91 | 25 | 38 | 05 | 90 | 94 | 58 | 28 | 41 | 36 | 45 | 37 | 59 | 03 | 09 | 70 | 35 | 57 | 29 | 12 | 82 | 62 | 54 | 65 | 60 |
| 46 | 34 | 50 | 57 | 74 | 37 | 98 | 80 | 33 | 00 | 91 | 09 | 77 | 93 | 19 | 82 | 74 | 94 | 80 | 04 | 04 | 45 | 07 | 31 | 66 | 49 |
| 47 | 85 | 22 | 04 | 39 | 43 | 73 | 81 | 53 | 92 | 79 | 33 | 62 | 46 | 86 | 28 | 08 | 31 | 54 | 46 | 31 | 53 | 94 | 13 | 38 | 47 |
| 48 | 09 | 79 | 13 | 77 | 48 | 73 | 82 | 97 | 22 | 21 | 05 | 03 | 27 | 24 | 83 | 72 | 89 | 44 | 05 | 37 | 35 | 80 | 39 | 94 | 88 |
| 49 | 88 | 75 | 80 | 18 | 14 | 22 | 95 | 75 | 42 | 49 | 39 | 32 | 82 | 22 | 49 | 02 | 48 | 07 | 70 | 37 | 16 | 04 | 61 | 67 | 87 |
| 50 | 00 | 96 | 23 | 70 | 00 | 39 | 00 | 03 | 06 | 90 | 55 | 85 | 78 | 38 | 36 | 94 | 37 | 30 | 69 | 32 | 90 | 89 | 00 | 76 | 33 |

附表 6b　随机数字表 2

| 编号 | 1 | 2 | 3 | 4 | 5 | 6 | 7 | 8 | 9 | 10 | 11 | 12 | 13 | 14 | 15 | 16 | 17 | 18 | 19 | 20 | 21 | 22 | 23 | 24 | 25 |
|---|---|---|---|---|---|---|---|---|---|---|---|---|---|---|---|---|---|---|---|---|---|---|---|---|---|
| 1 | 53 | 74 | 23 | 99 | 67 | 61 | 32 | 28 | 69 | 84 | 94 | 62 | 67 | 86 | 24 | 98 | 33 | 41 | 19 | 95 | 47 | 53 | 53 | 38 | 09 |
| 2 | 63 | 38 | 06 | 86 | 54 | 99 | 00 | 65 | 29 | 94 | 02 | 82 | 90 | 23 | 07 | 79 | 62 | 67 | 80 | 60 | 75 | 91 | 12 | 81 | 19 |
| 3 | 35 | 30 | 58 | 21 | 46 | 06 | 72 | 17 | 10 | 94 | 25 | 61 | 31 | 75 | 96 | 49 | 28 | 24 | 00 | 49 | 55 | 65 | 79 | 78 | 07 |
| 4 | 63 | 43 | 36 | 82 | 69 | 65 | 51 | 18 | 37 | 88 | 61 | 38 | 44 | 12 | 45 | 32 | 92 | 85 | 88 | 65 | 54 | 34 | 81 | 85 | 35 |
| 5 | 98 | 25 | 37 | 55 | 26 | 01 | 91 | 82 | 81 | 46 | 74 | 71 | 12 | 94 | 97 | 24 | 02 | 71 | 37 | 07 | 03 | 92 | 18 | 66 | 75 |
| 6 | 02 | 63 | 21 | 17 | 69 | 71 | 50 | 80 | 89 | 56 | 38 | 15 | 70 | 11 | 48 | 43 | 40 | 45 | 86 | 98 | 00 | 83 | 26 | 91 | 03 |
| 7 | 64 | 55 | 22 | 21 | 82 | 48 | 22 | 28 | 06 | 00 | 61 | 54 | 13 | 43 | 91 | 82 | 78 | 12 | 23 | 29 | 06 | 66 | 24 | 12 | 27 |
| 8 | 85 | 07 | 26 | 13 | 89 | 01 | 10 | 07 | 82 | 04 | 59 | 63 | 69 | 36 | 03 | 69 | 11 | 15 | 83 | 80 | 13 | 29 | 54 | 19 | 28 |
| 9 | 58 | 54 | 16 | 24 | 15 | 51 | 54 | 44 | 82 | 00 | 62 | 61 | 65 | 04 | 69 | 38 | 18 | 65 | 18 | 97 | 85 | 72 | 13 | 49 | 21 |
| 10 | 34 | 85 | 27 | 84 | 87 | 61 | 48 | 64 | 56 | 26 | 90 | 18 | 48 | 13 | 26 | 37 | 70 | 15 | 42 | 57 | 65 | 65 | 80 | 39 | 07 |
| 11 | 03 | 92 | 18 | 27 | 46 | 57 | 99 | 16 | 96 | 56 | 30 | 33 | 72 | 85 | 22 | 84 | 64 | 38 | 56 | 98 | 99 | 01 | 30 | 98 | 64 |
| 12 | 62 | 95 | 30 | 27 | 59 | 37 | 75 | 41 | 66 | 48 | 86 | 97 | 80 | 61 | 45 | 23 | 53 | 04 | 01 | 63 | 45 | 76 | 08 | 64 | 27 |
| 13 | 08 | 45 | 93 | 15 | 22 | 60 | 21 | 75 | 46 | 91 | 98 | 77 | 27 | 85 | 42 | 28 | 88 | 61 | 08 | 84 | 69 | 62 | 03 | 42 | 73 |
| 14 | 07 | 08 | 55 | 18 | 40 | 45 | 44 | 75 | 13 | 90 | 24 | 94 | 96 | 61 | 02 | 57 | 55 | 66 | 83 | 15 | 73 | 42 | 37 | 11 | 61 |
| 15 | 01 | 85 | 89 | 95 | 66 | 51 | 10 | 19 | 34 | 88 | 15 | 84 | 97 | 19 | 75 | 12 | 76 | 39 | 43 | 78 | 64 | 63 | 91 | 08 | 25 |
| 16 | 72 | 84 | 71 | 14 | 35 | 19 | 11 | 58 | 49 | 26 | 50 | 11 | 17 | 17 | 76 | 86 | 31 | 57 | 20 | 18 | 95 | 60 | 78 | 46 | 75 |
| 17 | 88 | 78 | 28 | 16 | 84 | 13 | 52 | 53 | 94 | 53 | 75 | 45 | 69 | 30 | 96 | 73 | 89 | 65 | 70 | 31 | 99 | 17 | 43 | 48 | 76 |
| 18 | 45 | 17 | 75 | 65 | 57 | 28 | 40 | 19 | 72 | 12 | 25 | 12 | 74 | 75 | 67 | 60 | 40 | 60 | 81 | 19 | 24 | 62 | 01 | 61 | 16 |
| 19 | 96 | 76 | 28 | 12 | 54 | 22 | 01 | 11 | 94 | 25 | 71 | 96 | 16 | 16 | 88 | 68 | 64 | 36 | 74 | 45 | 19 | 59 | 60 | 88 | 92 |
| 20 | 43 | 31 | 67 | 72 | 30 | 24 | 02 | 94 | 08 | 63 | 38 | 32 | 36 | 66 | 02 | 69 | 36 | 38 | 25 | 39 | 48 | 03 | 45 | 15 | 22 |
| 21 | 50 | 44 | 66 | 44 | 21 | 66 | 06 | 58 | 05 | 62 | 63 | 15 | 54 | 35 | 02 | 42 | 35 | 48 | 96 | 32 | 14 | 52 | 41 | 52 | 48 |
| 22 | 22 | 66 | 22 | 15 | 86 | 26 | 63 | 75 | 41 | 99 | 58 | 42 | 36 | 72 | 24 | 58 | 37 | 52 | 18 | 51 | 03 | 37 | 18 | 39 | 11 |
| 23 | 96 | 24 | 40 | 14 | 51 | 23 | 22 | 30 | 88 | 57 | 95 | 67 | 47 | 29 | 83 | 94 | 69 | 40 | 06 | 07 | 18 | 16 | 36 | 78 | 86 |
| 24 | 31 | 73 | 91 | 61 | 19 | 60 | 20 | 72 | 93 | 48 | 98 | 57 | 07 | 23 | 69 | 65 | 95 | 39 | 69 | 58 | 56 | 80 | 30 | 19 | 44 |
| 25 | 78 | 60 | 73 | 99 | 84 | 43 | 89 | 94 | 36 | 45 | 56 | 69 | 47 | 07 | 41 | 90 | 22 | 91 | 07 | 12 | 78 | 35 | 34 | 08 | 72 |

（续）

| 编号 | 1 | 2 | 3 | 4 | 5 | 6 | 7 | 8 | 9 | 10 | 11 | 12 | 13 | 14 | 15 | 16 | 17 | 18 | 19 | 20 | 21 | 22 | 23 | 24 | 25 |
|---|---|---|---|---|---|---|---|---|---|---|---|---|---|---|---|---|---|---|---|---|---|---|---|---|---|
| 26 | 84 | 37 | 90 | 61 | 56 | 70 | 10 | 23 | 98 | 05 | 85 | 11 | 34 | 76 | 60 | 76 | 48 | 45 | 34 | 60 | 01 | 64 | 18 | 39 | 96 |
| 27 | 36 | 67 | 10 | 08 | 23 | 98 | 93 | 35 | 08 | 86 | 99 | 29 | 76 | 29 | 81 | 33 | 34 | 91 | 58 | 93 | 63 | 14 | 52 | 32 | 52 |
| 28 | 07 | 28 | 59 | 07 | 48 | 89 | 64 | 58 | 89 | 75 | 83 | 85 | 62 | 27 | 89 | 30 | 14 | 78 | 56 | 27 | 86 | 63 | 59 | 80 | 02 |
| 29 | 10 | 15 | 83 | 87 | 60 | 79 | 24 | 31 | 66 | 56 | 21 | 48 | 24 | 06 | 93 | 91 | 98 | 94 | 05 | 49 | 01 | 47 | 59 | 38 | 00 |
| 30 | 55 | 19 | 68 | 97 | 65 | 03 | 73 | 52 | 16 | 56 | 00 | 53 | 55 | 90 | 27 | 33 | 42 | 29 | 38 | 87 | 22 | 13 | 88 | 83 | 34 |
| 31 | 53 | 81 | 29 | 13 | 39 | 35 | 01 | 20 | 71 | 34 | 62 | 33 | 74 | 82 | 14 | 53 | 73 | 19 | 09 | 03 | 56 | 57 | 29 | 56 | 93 |
| 32 | 51 | 86 | 32 | 68 | 92 | 33 | 98 | 74 | 66 | 99 | 40 | 14 | 71 | 94 | 58 | 45 | 94 | 19 | 38 | 81 | 14 | 44 | 99 | 81 | 07 |
| 33 | 35 | 91 | 70 | 29 | 13 | 80 | 03 | 54 | 07 | 27 | 96 | 94 | 78 | 32 | 66 | 50 | 95 | 52 | 74 | 33 | 13 | 80 | 55 | 62 | 54 |
| 34 | 37 | 71 | 67 | 95 | 13 | 20 | 02 | 44 | 95 | 94 | 64 | 85 | 04 | 05 | 72 | 01 | 32 | 90 | 76 | 14 | 53 | 89 | 74 | 60 | 41 |
| 35 | 93 | 66 | 13 | 83 | 27 | 92 | 79 | 64 | 64 | 72 | 28 | 54 | 96 | 53 | 84 | 48 | 14 | 52 | 98 | 94 | 56 | 07 | 93 | 89 | 30 |
| 36 | 02 | 96 | 08 | 45 | 65 | 13 | 05 | 00 | 41 | 84 | 93 | 07 | 54 | 72 | 59 | 21 | 45 | 57 | 09 | 77 | 19 | 48 | 56 | 27 | 44 |
| 37 | 49 | 83 | 43 | 48 | 35 | 82 | 88 | 33 | 69 | 96 | 72 | 36 | 04 | 19 | 76 | 47 | 45 | 15 | 18 | 60 | 82 | 11 | 08 | 95 | 97 |
| 38 | 84 | 60 | 71 | 62 | 46 | 40 | 80 | 81 | 30 | 37 | 34 | 39 | 23 | 05 | 38 | 25 | 15 | 35 | 71 | 30 | 88 | 12 | 57 | 21 | 77 |
| 39 | 18 | 17 | 30 | 88 | 71 | 44 | 91 | 14 | 88 | 47 | 89 | 23 | 30 | 63 | 15 | 56 | 34 | 20 | 47 | 89 | 99 | 82 | 93 | 24 | 98 |
| 40 | 79 | 69 | 10 | 61 | 78 | 71 | 32 | 76 | 95 | 62 | 87 | 00 | 22 | 58 | 40 | 92 | 54 | 01 | 75 | 25 | 43 | 11 | 71 | 99 | 31 |
| 41 | 75 | 93 | 36 | 57 | 83 | 56 | 20 | 14 | 82 | 11 | 74 | 21 | 97 | 90 | 65 | 96 | 41 | 68 | 63 | 86 | 74 | 54 | 13 | 26 | 94 |
| 42 | 38 | 30 | 92 | 29 | 03 | 06 | 28 | 81 | 39 | 38 | 62 | 25 | 06 | 84 | 63 | 61 | 29 | 08 | 93 | 67 | 04 | 32 | 92 | 08 | 09 |
| 43 | 51 | 29 | 50 | 10 | 34 | 31 | 57 | 75 | 95 | 80 | 51 | 97 | 02 | 74 | 77 | 76 | 15 | 48 | 49 | 44 | 18 | 55 | 14 | 77 | 09 |
| 44 | 21 | 31 | 38 | 86 | 24 | 37 | 79 | 81 | 53 | 74 | 73 | 24 | 16 | 10 | 33 | 52 | 83 | 90 | 94 | 76 | 70 | 47 | 14 | 54 | 36 |
| 45 | 29 | 01 | 23 | 87 | 82 | 58 | 02 | 39 | 37 | 67 | 42 | 10 | 14 | 20 | 92 | 16 | 55 | 23 | 42 | 45 | 54 | 96 | 09 | 11 | 06 |
| 46 | 95 | 33 | 95 | 22 | 00 | 18 | 74 | 72 | 00 | 18 | 38 | 79 | 58 | 68 | 32 | 81 | 76 | 80 | 26 | 92 | 82 | 80 | 84 | 25 | 39 |
| 47 | 90 | 84 | 60 | 79 | 80 | 24 | 36 | 59 | 87 | 38 | 82 | 07 | 53 | 89 | 35 | 96 | 35 | 23 | 79 | 18 | 05 | 98 | 80 | 07 | 35 |
| 48 | 46 | 40 | 62 | 98 | 82 | 54 | 97 | 20 | 56 | 95 | 15 | 74 | 80 | 08 | 32 | 16 | 46 | 70 | 50 | 80 | 67 | 72 | 16 | 42 | 79 |
| 49 | 20 | 31 | 89 | 03 | 43 | 38 | 46 | 82 | 68 | 72 | 32 | 14 | 82 | 99 | 70 | 80 | 60 | 47 | 18 | 97 | 63 | 49 | 30 | 21 | 30 |
| 50 | 71 | 59 | 73 | 05 | 50 | 08 | 22 | 23 | 71 | 77 | 91 | 01 | 93 | 20 | 49 | 82 | 96 | 59 | 26 | 94 | 66 | 39 | 67 | 98 | 60 |

附表7　常用正交表

1. $L_4$（$2^3$）

| 试验号 | 列号 | | |
|---|---|---|---|
| | 1 | 2 | 3 |
| 1 | 1 | 1 | 1 |
| 2 | 1 | 2 | 2 |
| 3 | 2 | 1 | 2 |
| 4 | 2 | 2 | 1 |

2. $L_8$（$2^7$）

| 试验号 | 列号 | | | | | | |
|---|---|---|---|---|---|---|---|
| | 1 | 2 | 3 | 4 | 5 | 6 | 7 |
| 1 | 1 | 1 | 1 | 1 | 1 | 1 | 1 |
| 2 | 1 | 1 | 1 | 2 | 2 | 2 | 2 |
| 3 | 1 | 2 | 2 | 1 | 1 | 2 | 2 |
| 4 | 1 | 2 | 2 | 2 | 2 | 1 | 1 |
| 5 | 2 | 1 | 2 | 1 | 2 | 1 | 2 |
| 6 | 2 | 1 | 2 | 2 | 1 | 2 | 1 |
| 7 | 2 | 2 | 1 | 1 | 2 | 2 | 1 |
| 8 | 2 | 2 | 1 | 2 | 1 | 1 | 2 |

3. $L_9$（$3^4$）

| 试验号 | 列号 | | | |
|---|---|---|---|---|
| | 1 | 2 | 3 | 4 |
| 1 | 1 | 1 | 1 | 1 |
| 2 | 1 | 2 | 2 | 2 |
| 3 | 1 | 3 | 3 | 3 |
| 4 | 2 | 1 | 2 | 3 |
| 5 | 2 | 2 | 3 | 1 |
| 6 | 2 | 3 | 1 | 2 |
| 7 | 3 | 1 | 3 | 2 |
| 8 | 3 | 2 | 1 | 3 |
| 9 | 3 | 3 | 2 | 1 |

4. $L_{27}$ （$3^{13}$）

| 试验号 | 列号 | | | | | | | | | | | | |
|---|---|---|---|---|---|---|---|---|---|---|---|---|---|
| | 1 | 2 | 3 | 4 | 5 | 6 | 7 | 8 | 9 | 10 | 11 | 12 | 13 |
| 1 | 1 | 1 | 1 | 1 | 1 | 1 | 1 | 1 | 1 | 1 | 1 | 1 | 1 |
| 2 | 1 | 1 | 1 | 1 | 2 | 2 | 2 | 2 | 2 | 2 | 2 | 2 | 2 |
| 3 | 1 | 1 | 1 | 1 | 3 | 3 | 3 | 3 | 3 | 3 | 3 | 3 | 3 |
| 4 | 1 | 2 | 2 | 2 | 1 | 1 | 1 | 2 | 2 | 3 | 3 | 3 | 3 |
| 5 | 1 | 2 | 2 | 2 | 2 | 2 | 2 | 3 | 3 | 3 | 1 | 1 | 1 |
| 6 | 1 | 2 | 2 | 2 | 3 | 3 | 3 | 1 | 1 | 1 | 2 | 2 | 2 |
| 7 | 1 | 3 | 3 | 3 | 1 | 1 | 1 | 3 | 3 | 3 | 2 | 2 | 2 |
| 8 | 1 | 3 | 3 | 3 | 2 | 2 | 2 | 1 | 1 | 1 | 3 | 3 | 3 |
| 9 | 1 | 3 | 3 | 3 | 3 | 3 | 3 | 2 | 2 | 2 | 1 | 1 | 1 |
| 10 | 2 | 1 | 2 | 3 | 1 | 2 | 3 | 1 | 2 | 3 | 1 | 2 | 3 |
| 11 | 2 | 1 | 2 | 3 | 2 | 3 | 1 | 2 | 3 | 1 | 2 | 3 | 1 |
| 12 | 2 | 1 | 2 | 3 | 3 | 1 | 2 | 3 | 1 | 2 | 3 | 1 | 2 |
| 13 | 2 | 2 | 3 | 1 | 1 | 2 | 3 | 2 | 3 | 1 | 3 | 1 | 2 |
| 14 | 2 | 2 | 3 | 1 | 2 | 3 | 1 | 3 | 1 | 2 | 1 | 2 | 3 |
| 15 | 2 | 2 | 3 | 1 | 3 | 1 | 2 | 1 | 2 | 3 | 2 | 3 | 1 |
| 16 | 2 | 3 | 1 | 2 | 1 | 2 | 3 | 3 | 1 | 2 | 2 | 3 | 1 |
| 17 | 2 | 3 | 1 | 2 | 2 | 3 | 1 | 1 | 2 | 3 | 3 | 1 | 2 |
| 18 | 2 | 3 | 1 | 2 | 3 | 1 | 2 | 2 | 3 | 1 | 1 | 2 | 3 |
| 19 | 3 | 1 | 3 | 2 | 1 | 3 | 2 | 1 | 3 | 2 | 1 | 3 | 2 |
| 20 | 3 | 1 | 3 | 2 | 2 | 1 | 3 | 2 | 1 | 3 | 2 | 1 | 3 |
| 21 | 3 | 1 | 3 | 2 | 3 | 2 | 1 | 3 | 2 | 1 | 2 | 1 | 3 |
| 22 | 3 | 2 | 1 | 3 | 1 | 3 | 2 | 2 | 1 | 3 | 3 | 2 | 1 |
| 23 | 3 | 2 | 1 | 3 | 2 | 1 | 3 | 3 | 2 | 1 | 1 | 3 | 2 |
| 24 | 3 | 2 | 1 | 3 | 3 | 2 | 1 | 1 | 3 | 2 | 2 | 1 | 3 |
| 25 | 3 | 3 | 2 | 1 | 1 | 3 | 2 | 3 | 2 | 1 | 2 | 1 | 3 |
| 26 | 3 | 3 | 2 | 1 | 2 | 1 | 3 | 1 | 3 | 2 | 3 | 2 | 1 |
| 27 | 3 | 3 | 2 | 1 | 3 | 2 | 1 | 2 | 1 | 3 | 1 | 3 | 2 |

## 5. $L_{16}$（$4^5$）

| 试验号 | 列号 | | | | |
|---|---|---|---|---|---|
| | 1 | 2 | 3 | 4 | 5 |
| 1 | 1 | 1 | 1 | 1 | 1 |
| 2 | 1 | 2 | 2 | 2 | 2 |
| 3 | 1 | 3 | 3 | 3 | 3 |
| 4 | 1 | 4 | 4 | 4 | 4 |
| 5 | 2 | 1 | 2 | 3 | 4 |
| 6 | 2 | 2 | 1 | 4 | 3 |
| 7 | 2 | 3 | 4 | 1 | 2 |
| 8 | 2 | 4 | 3 | 2 | 1 |
| 9 | 3 | 1 | 3 | 4 | 2 |
| 10 | 3 | 2 | 4 | 3 | 1 |
| 11 | 3 | 3 | 1 | 2 | 4 |
| 12 | 3 | 4 | 2 | 1 | 3 |
| 13 | 4 | 1 | 4 | 2 | 3 |
| 14 | 4 | 2 | 3 | 1 | 4 |
| 15 | 4 | 3 | 2 | 4 | 1 |
| 16 | 4 | 4 | 1 | 3 | 2 |

## 6. $L_{27}$（$3^{13}$）表头设计

| 因素数 | 列号 | | | | | | |
|---|---|---|---|---|---|---|---|
| | 1 | 2 | 3 | 4 | 5 | 6 | 7 |
| 3 | $A$ | $B$ | $A \times B$ | | $C$ | $A \times C$ | |
| 4 | $A$ | $B$ | $A \times B$<br>$C \times D$ | $A \times B$ | $C$ | $A \times C$<br>$B \times D$ | $A \times C$ |

| 因素数 | 列号 | | | | | | |
|---|---|---|---|---|---|---|---|
| | 8 | 9 | 10 | 11 | 12 | 13 | |
| 3 | $B \times C$ | | | $B \times C$ | | | |
| 4 | $B \times C$<br>$A \times D$ | $D$ | $A \times D$ | $B \times C$ | $B \times D$ | $C \times D$ | |

### 附表 8　生物统计上机程序速查表

| 分析软件 | 样本或变量数 | 项目名称 | 程序 | | 页码 |
|---|---|---|---|---|---|
| Excel | 加载项 | 数据分析加载项 | "文件"→"选项"→"加载项"→"转到"→勾选"分析工具库"→"确定" | | 5 |
| | 资料整理 | 频数分布表（图） | 直方图 | | 6 |
| | 资料度量 | 均数、标准差、标准误等统计量 | 描述统计 | | 18 |
| | 一个样本 | 单样本 T 检验（与常数比较） | 描述统计（计算置信区间和常数比较） | | 38 |
| | 两个样本 | 独立样本 T 检验（样本彼此独立） | F 检验　双样本方差（齐） | t-检验：双样本等方差假设 | 25 |
| | | | F 检验　双样本方差（不齐） | t-验：双样本异方差假设 | |
| | | 配对样本 T 检验（配对关系） | t-检验：平均值的成对二样本分析 | | 33 |
| | 三个以上样本 | 单因素方差分析（一个试验条件） | 方差分析：单因素方差分析 | | 47 |
| | | 两因素方差分析（无重复观测值） | 方差分析：无重复双因素分析 | | 55 |
| | | 两因素方差分析（有重复观测值） | 方差分析：可重复双因素分析（交互作用不显著/显著） | | 65/72 |
| | 计数资料 | 卡方检验（频数资料） | 自由度等于 1 时用矫正公式计算卡方值，用 CHIDIST 函数返还 $P$ 值 | | 81/91 |
| | | | 配对卡方转化为自由度等于 1 的适合性检验 | | 102 |
| | | | 自由度大于 1 时用 CHITEST 和 CHIINV 函数返还 $P$ 值和卡方值 | | 86/97 |
| | 两个变量 | 直线相关（非确定关系） | 相关系数 | | 109 |
| | | 直线回归（决定关系） | 回归 | | 115 |
| | | | 散点图 | | 117 |
| SPSS | 资料整理 | 频数分布表（直方图） | 分析菜单→描述统计→频率 | | 8 |
| | 资料度量 | 均数、标准差、标准误等统计量 | 分析菜单→比较均值→均值 | | 19 |

| 分析软件 | 样本或变量数 | 项目名称 | 程序 | 页码 |
|---|---|---|---|---|
| SPSS | 一个样本 | 一个样本和一个常数比较 | 分析菜单→比较均值→单样本 T 检验 | 40 |
| | 两个样本 | 两样本彼此独立（均数比较） | 分析菜单→比较均值→独立样本 T 检验 | 29 |
| | | 两样本是配对关系（均数比较） | 分析菜单→比较均值→配对样本 T 检验 | 35 |
| | 三个以上样本 | 单因素方差分析（一个试验条件） | 分析菜单→比较均值→单因素 ANOVA | 49 |
| | | 两因素方差分析（两个试验条件） | 分析菜单→一般线性模型→单变量 无重复（模型：主效应） | 58 |
| | | | 有重复（模型：全因子） | 68/74 |
| | 计数资料（权重） | 适合性检验（自由度等于1） | 分析菜单→非参数检验→旧对话框→二项式 | 83 |
| | | 适合性检验（自由度大于1） | 分析菜单→非参数检验→旧对话框→卡方 | 88 |
| | | 独立性检验（R×C 列联表） | 分析菜单→描述统计→交叉表（卡方） | 93/100 |
| | | 配对卡方（配对频数资料） | 分析菜单→描述统计→交叉表（McNemar） | 104 |
| | 两个变量 | 直线相关（相关系数） | 分析菜单→相关→双变量 | 110 |
| | | 直线回归（回归方程） | 分析菜单→回归→线性 | 118 |

# 参 考 文 献

陈胜可，2013. SPSS 统计分析从入门到精通 ［M］. 北京：清华大学出版社 .

狄松，祝迎春，张文霖，2016. 谁说菜鸟不会数据分析 . SPSS 篇 ［M］. 北京：电子工业出版社 .

郝艳芬，李振宏，李辉，2006. Excel 2003 统计与分析 ［M］. 北京：人民邮电出版社 .

胡鑫鑫，张倩，石峰，2013. Excel 2013 应用大全：精粹版 ［M］. 北京：机械工业出版社 .

李春喜，姜丽娜，邵云，2008. 生物统计学学习指导 ［M］. 北京：科学出版社 .

刘安芳，伍莲，2013. 生物统计学 ［M］. 重庆：西南师范大学出版社 .

明道绪，2002. 生物统计附试验设计 ［M］. 北京：中国农业出版社 .

欧阳叙向，2007. 生物统计附试验设计 ［M］. 重庆：重庆大学出版社 .

宋素芳，赵聘，秦豪荣，2015. 生物统计学 ［M］. 北京：中国农业大学出版社 .

吴伟坚，许益镌，何余容，2015. 基础生物统计学 ［M］. 北京：科学出版社 .

谢龙汉，尚涛，2012. SPSS 统计分析与数据挖掘 ［M］. 北京：电子工业出版社 .

徐辰武，章元明，2015. 生物统计附试验设计 ［M］. 北京：高等教育出版 .

张慈，薛晓光，王大永，2016. SPSS 21.0 行业统计分析与应用 ［M］. 北京：清华大学出版社 .

张力飞，2012. 田间试验与统计分析 ［M］. 北京：化学工业出版社 .

张勤，2008. 生物统计学 ［M］. 北京：中国农业大学出版社 .

张文彤，2017. SPSS 统计分析基础教程 ［M］. 北京：高等教育出版 .

张文彤，钟云飞，2013. IBM SPSS 数据分析与挖掘实战案例精粹 ［M］. 北京：清华大学出版社 .

赵文若，李新江，包岩，2016. 生物统计学 ［M］. 长春：吉林大学出版社 .

郑杰，2015. SPSS 统计分析从入门到精通 ［M］. 北京：中国铁道出版社 .

**图书在版编目（CIP）数据**

生物统计及软件应用 / 章敬旗主编 . —北京：中
国农业出版社，2022.6
江苏省畜牧兽医品牌专业工学结合特色教材
ISBN 978 - 7 - 109 - 29626 - 8

Ⅰ.①生…　Ⅱ.①章…　Ⅲ.①生物统计－统计分析－
软件包－高等学校－教材　Ⅳ.①Q－332

中国版本图书馆 CIP 数据核字（2022）第 113139 号

---

中国农业出版社出版
地址：北京市朝阳区麦子店街 18 号楼
邮编：100125
责任编辑：李　萍　　文字编辑：刘金华
版式设计：杨　婧　　责任校对：沙凯霖
印刷：中农印务有限公司
版次：2022 年 6 月第 1 版
印次：2022 年 6 月北京第 1 次印刷
发行：新华书店北京发行所
开本：787mm×1092mm　1/16
印张：12.75
字数：295 千字
定价：35.00 元

---

**版权所有·侵权必究**
凡购买本社图书，如有印装质量问题，我社负责调换。
服务电话：010 - 59195115　010 - 59194918